高等院校艺术设计类专业系列教材

服饰形象设计

主　编　邱艳艳

副主编　钱梦舒　王雅雯　郭萌迪
　　　　巴　悦

参　编　刘京雷　艾　薇　朱建忠
　　　　孙琦琦　高雅文　张海峰

西安电子科技大学出版社

内 容 简 介

本书紧密结合高等院校的教学特点与时尚行业的发展动态，在阐述服饰形象设计理论的基础上，从实践维度出发，对形象设计的各个关键环节进行了全面且深入的分析，并通过详尽的色彩诊断、风格搭配、体型分析、素人改造等方面的个案剖析，结合广泛的数据收集、系统整理、深入分析、科学归类及精华提炼，构建了一个结构完整、内容丰富的教学体系。

全书共八章，主要内容包括服饰形象设计概述、服饰美学基础、色彩规律分析与用色指导、风格规律分析与搭配技巧、体型规律分析与搭配技巧、服饰品分类与搭配技巧、场合着装、服饰形象设计创意与表达等。本书以图文并茂的形式，详细阐述了服饰形象设计的基本原理与实际操作，并辅以配套的视频教学资源，以帮助读者完成专业技能的提升。

本书可作为高等院校服装设计、形象设计等相关专业的教学用书，也可供时尚行业的专业人士及爱美人士阅读。

图书在版编目 (CIP) 数据

服饰形象设计 / 邱艳艳主编 . -- 西安 : 西安电子科技大学出版社，

2024.11. -- ISBN 978-7-5606-7478-0

Ⅰ. TS941.2

中国国家版本馆 CIP 数据核字第 2024Q8P822 号

策　　划　李鹏飞　刘　杰
责任编辑　张　存　李鹏飞
出版发行　西安电子科技大学出版社 (西安市太白南路 2 号)
电　　话　(029) 88202421　88201467　　　　　邮　　编　710071
网　　址　www.xduph.com　　　　　　　电子邮箱　xdupfxb001@163.com
经　　销　新华书店
印刷单位　陕西精工印务有限公司
版　　次　2024 年 11 月第 1 版　2024 年 11 月第 1 次印刷
开　　本　787 毫米 × 1092 毫米　1/16　印 张　15.5
字　　数　365 千字
定　　价　62.00 元

ISBN 978-7-5606-7478-0

XDUP 7779001-1

*** 如有印装问题可调换 ***

序

在人类文明的历史长河中，服饰作为文化的重要组成部分，承载了人类对美的追求、对生活的热爱、对自我表达的渴望。从原始社会的兽皮裹身，历经古代文明服饰的发展，直至现代社会的高级定制，每一种服饰都蕴含着深刻的社会意义和文化价值，也是个人身份认同与情感表达的重要载体。

在我们成长的道路上，镌刻着服饰变迁的印记。孩童时期，服饰装扮多由父母依其喜好与经济考量而选择，孩子被动接受；步入职场，经济独立，我们依然很少思考服饰与自我、社会的深刻联系。直到审美意识开始觉醒，我们才开始去探索什么服饰适合自己，什么服饰不适合自己，在无数次的试错与筛选中，审美品位逐渐显现，我们终将在装扮中寻得适合自己的服饰。

在阅读本书的过程中，我被作者对于形象美学的热爱和研究精神所感染。全书近400张图片，其中有260多张是手绘及原创拍摄的。作者以其深厚的美学基础、丰富的实践教学经验、敏锐的时尚触觉，为我们开启了一场既全面又深入的形象美学之旅。

《服饰形象设计》一书，详细阐述了色彩搭配、风格塑造、体型分析等现代服饰形象设计基础理论，还通过丰富的实操技能和案例研究，展示了如何将这些理论应用于实际生活中，帮助读者实现个性化、差异化的装扮效果。与此同时，本书不忘挖掘传统服饰文化的精髓，尤其是旗袍与新中式服饰等民族瑰宝，它们如同穿越时空的信使，无声地诉说着中华服饰美学的深厚底蕴和博大精深。现代服饰形象设计理念与传统服饰文化巧妙地融合，不仅丰富了服饰形象设计的文化内涵与层次，还能激发读者对传统文化浓厚的兴趣与传承的热情。

在纷繁的生活舞台上，一些人在着装选择上或追求个性而忽略了礼数，或沉溺于风格而忽视了身形之美，又或追逐色彩而牺牲了品位之雅。《服饰形象设计》一书强调了形象塑造的最高境界，即"真、善、美"的和谐共生。其中，"真"乃基石，根植于个体的独特肤色、曼妙身形与内在气质；"善"则为魂，强调设计应以人为核心，考量舒适度、场合契合度与人的心理需求。在坚守"真与善"的黄金法则下，遵循"美"的规律，精心雕琢个人形象。书中的案例实践，不仅是技艺的展现，更是"真、善、美"理念的生动诠释，传递出一种积极向上的生活态度与价值观，引领我们步入一个更加优雅、和谐的生活境界。

作为美学领域的研究者，我由衷地向您推荐这本书。它不仅是一本关于服饰搭配的好书，更是引导读者认识自我、彰显个性、塑造独特魅力的时尚指南；它不仅是高校师生学习相关课程的得力助手，也是时尚行业从业者以及所有热爱美好生活的朋友们的宝藏读物。这本书集专业性、实用性和审美性于一体，是一本不可多得的好书，值得每一位读者认真研读。

北京师范大学刘成纪

2024 年 8 月

前言

从古至今，人们对美的追求从未停止过。基于对美的执着追求，人们通过服饰、妆容及发型等造型手段，精心雕琢并塑造着自我的外在形象，从而彰显自我独特的内在之美。时至今日，我国社会的主要矛盾已转化为人民日益增长的美好生活需要和不平衡不充分的发展之间的矛盾。这一转化促使社会各界对"美"的渴求愈发强烈。在此背景下，人们不仅更加重视和追求高质量的生活体验，也愈发关注自身外在形象的塑造，力求以得体的装扮展现自我风采。然而，在追求外在美的过程中，许多人困惑于如何装扮自我才能既契合个性、气质，又准确反映出自己的社会角色及身份。随着社会的持续发展和文化的日益多元化，人们的审美观念也在不断地演变，差异化与个性化的审美趋势也愈发凸显。人们不愿意盲目追随大众潮流，而是倾向于根据自己的性格、职业和生活方式来选择适合自己的装扮和形象。

服饰作为个人形象的重要组成部分，不仅关系到个人的精神风貌，还体现了个人的审美、品位和内在修养。然而，大多数人在选购、搭配服饰及平衡美感与个性时，常感到迷茫与困惑。本书致力于探究服饰与人的关系，在实现自我认知的基础上，把握美学规律与技能，学会精准选择，从而在着装上展现出气质与自信，彰显出能力与尊严，表现出对美好生活的热爱与追求。

"服饰形象设计"课程是人物形象设计专业的核心课程。针对目前我国形象设计学科建设薄弱、理论落后于实践的现状，笔者组建团队编写了本书。本书结合了企业人才需求、行业特色教具以及岗位技能与流程，并辅以配套的视频教学资源，实现了理论与实践的高度统一。

本书的特色与创新如下：

(1) 校企双元合作。笔者现任郑州职业技术学院人物形象设计专业教研室主任，为副教授，拥有 17 年人物形象设计专业理论研究与实践教学经验。在本书编写过程中，参与了化妆、搭配、百变丝巾系法研究等多个关键环节的工作。为编写本书，笔者自 2019 年 7 月就开始开展教材规划、调研并撰写配套资源，带领团队成员多次在国内一线城市参加专业培训，密切了解行业动态；同时，笔者联合行业内资深的培训企业——四季美学形象管理广州有限公司 (简称四季美学)，在教材中融入四季美学的色调图、色环、男士与女士常用色彩群及配色方案、风格的鉴定流程等内容。笔者积极吸纳行业经验，对接行业发展与岗位流程，以探求更加先进、科学、适用的人物形象设计理论与技能，帮助读者掌握整体形象设计方法，提升塑造服饰形象之美的能力。

(2) 融合美学技能与美育精神。本书以技能学习为目标，在传授美学技能的同时，融入以人为本的科学精神、创新精神、工匠精神与中华美学精神，旨在培养有道德、有审美、有情怀、有格局的形象设计行业高素质技能型人才。

(3) 引进行业内权威的美学教学工具，辅以配套的视频教学资源。本书采用行业内先进的"四季美学专业教学工具"，帮助读者通过肤色鉴定色票了解人体色彩的明度，通过20色布、金银色布等测试人体色彩的冷暖，通过款式风格布、领型鉴定工具等测试个人风格。同时，本书配有视频教学资源，包括实操教学、企业导师搭配展示、非遗传承人专访等40多个相关视频，读者可扫描书中二维码观看并学习。

(4) 打破固化思维，"岗课赛证"融通。本书紧密贴合人物形象设计专业课程教学标准，参照"形象设计师"国家职业技能标准，汲取国内外时尚大赛的前沿理论与实战经验，融合本专业色彩搭配师、化妆师等相关岗位的实际需求及形象设计师考证的需求，旨在全方位提升学生的综合能力与美学技能。

(5) 传承优秀传统服饰文化，强化民族自信之根基。中华优秀传统文化是中华民族的根和魂，本书利用服饰文化激发学生对优秀传统文化的兴趣，提升学生的民族自豪感与自信心。在编写本书的过程中，笔者精心设置了旗袍、新中式服饰等内容，旨在把优秀传统服饰文化中具有当代价值、世界意义的文化精髓呈现给读者。

本书第一章、第四章、第七章由郑州职业技术学院邱艳艳编写，第二章由郑州职业技术学院郭萌迪编写，第三章由郑州职业技术学院王雅雯编写，第五章、第六章由郑州职业技术学院钱梦舒编写，第八章由郑州财税金融职业学院巴悦编写。

本书的编写得到了多方帮助与支持，值此付梓之际，致以真诚的谢意：感谢西安电子科技大学出版社李鹏飞老师，感谢刘京雷老师提出"美技双线"育人策略，感谢四季美学艾薇、路遥老师为我们提供行业内权威的素材，感谢深圳职业技术大学朱建忠老师为本教材内容框架提出宝贵建议，感谢郑州风铃美容服务有限公司高雅文为我们提供形象设计师岗位调查分析资料，感谢河南省旗袍会创始人贾蕊会长为我们讲述旗袍的故事，感谢嘉丽邦品牌创始人张海峰老师为我们介绍白衬衫的穿搭知识，感谢田荷鲜花农场周晓文老师为我们提供视频拍摄场地，感谢 NiuJun 时尚买手牛珺老师及河南诗意田园服饰有限公司付佳宁老师为我们提供基本款穿搭建议，感谢大学生众创空间为学生提供美学工作室；同时，感谢参与拍摄的巴悦、何方园、朱晓蝶、冯阳、王莉、喻晓萌、宋小妍、孙琦琦、黄金、李泊霖、芦晶晶、姚玲玲、苗雨乐、魏甜馨及张蕊等师生，感谢参与摄影的吴磊、王帅、汪方超老师，感谢参与化妆的孙琦琦、狄亚亚、张典典、方柯柯老师。正是大家的辛勤工作与努力付出，为书中色彩、风格等的形象设计核心案例增添了鲜活的视觉内容。

邱艳艳（笔名：兰心）

2024 年 4 月

目 录

CONTENTS

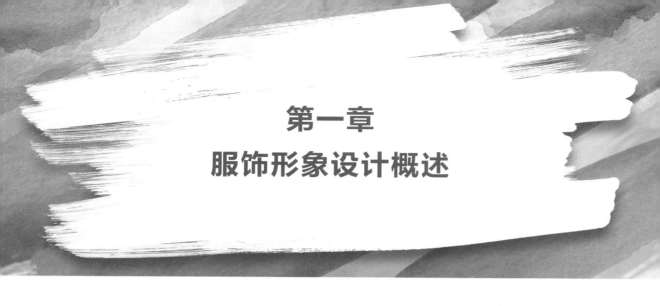

第一章
服饰形象设计概述

　　服饰与人的关系非常紧密，它既是人类生存必不可少的物质条件，又是人类社会活动中精神风貌的体现。服饰不仅反映了人们的生活方式，还是人们审美、品位与修养的呈现，是人类的"第二皮肤"。"服饰形象设计"课程是形象设计、服装设计类专业中高层次的课程，是集美学思想与技能为一体的专业课程。想成为艺术设计师，不仅要有美学思想，还要有专业技能。在服饰穿搭中，有人因追求个性而失礼，有人因追求风格而忽略体型，有人因追求色彩而失去品位。针对这些现象，服饰形象设计课程系统地讲解了服饰起源、服饰美学、服饰搭配，以引导人们根据自身的身体特征、所处场合选择适合自己的服装色彩、款式、质地、图案，从而在加强专业能力与技巧的培养的同时，提升美学品位与技能。服饰形象设计研究服饰与人的关系，致力于解决着装选择难题，让人们在充分认识自己、了解自己、接纳自己的基础上重塑自己。

第一节　服饰与形象设计的概念

　　服饰是文化的表征，是人类生活的必需品和装饰品；服饰形象则是人在着装后的整体形象。服饰形象设计不仅仅是一项技术性的工作，更是一种艺术性的创造，它要求人们在具备扎实专业知识的基础上，通过不断的实践，获得更多的经验和创意。

一、服饰的概念

　　对服饰的理解还要回到对服装概念本身的理解上。服装的概念有广义和狭义之分。狭义的服装指人体的遮盖物，多指"成衣"和"衣服"，包括上衣和下装。广义的服装概念接近我们所说的"服饰"一词，除衣服外，还包括帽子、围巾、腰带、鞋子、袜子等，从这个层面理解，服饰与服装的概念是等同或相同的。服饰应包含以下几部分内容。

（一）衣服

衣服是指包裹人体的衣物，它不包括饰品，仅指上装和下装，如外套、风衣、裤子、裙子等。

（二）配饰

配饰主要包括身体以外与服装相关的、附着于人身上的饰品，如帽子、胸针、眼镜、手表等。配饰的作用是装饰与点缀，它虽然不是服饰的主体，但往往是一个民族、一个人的服饰的精华所在。

（三）化妆

化妆是指通过化妆工具和化妆用品，运用相关技术和方法，来优化五官形貌的表现形态，达到美化容貌和提升精神面貌的效果。

（四）随件

随件是指与衣服、配饰共同塑造服饰形象的物品。包、手杖等都属于随件。随件的作用是彰显着装者的性格、气质和穿搭氛围。

总之，服饰是人类为装饰自己而创造的物质与精神的结合体，它也逐渐成为人们寻求自我理解、获得大众认同、进行身份诉求、表达社会情感的一种极为感性和直接的途径。

>>> 二、服饰的起源

服饰是一种文化的表现，服饰文化是人在自然环境、社会环境中发现、发展、变化而来的。服饰的发展经历了从原始的草裙围、兽皮披到早期的织物装、布帛衣裳，再到现代的科技服饰等多个阶段。在长期的实践中，人类不仅丰富了服装材料，发展了服装加工制作技术，还形成了关于穿着行为和穿着方式的规范（包括服饰习俗、审美、法律、禁忌等）。通常，一个人的成长环境、经历、思想、认知、行为都会影响到这个人的穿着方式和穿着行为。

关于人类从什么时候开始穿衣服，又从什么时候开始制作衣服、配饰这一问题，众说纷纭。这些不同的观点都具有一定的合理性和可信度。总的来说，人类对服饰的需求归纳起来主要有以下几个方面。

（一）生理需求论

(1) 适应自然环境说。这种说法认为人类对服饰的需求首先就是适应外界环境，其中保暖防寒是人类基本的生理需求。我们生活的地球既有严寒难挡的冰川雪地，又有阳光灿烂的热带地区，不同地域的气候环境、风俗习惯决定了人们穿着的多样性。比如，生活在气候寒冷地区的人们，其服装厚重、宽大，主要用于保暖防寒；而居住于热带地区的人们，其服装宽松、简洁，颜色艳丽，材料透气。适应自然环境说是服饰起源中最容易被人们理解和接受的一种说法，但也有学者认为这种解释过于简单。

(2) 适应社会环境说。这种说法认为人与自然界的动物的根本区别之一，在于人类通过改造自然及自身的劳动实践穿上了服装，进入了文明社会。从时间上看，不同时代的政治、思想、文化以及生活方式都会对人们的服饰选择产生深刻的影响。比如，汉代服饰的端庄、严肃，唐代服饰的华丽、大气，宋代服饰的朴实、淡雅，都与社会环境相适应。不同时代的社会环境也会影响那个时代的穿衣观。例如，20世纪80年代的粗布棉衣、"新三年，旧三年，缝缝补补又三年"的穿衣观若放在现在，会让人觉得不可思议；同样，现在的吊带衫若出现在20世纪80年代，则属于招摇过市。

(3) 保护身体说。这种说法认为着装的目的在于保护身体免受外界伤害。原始人在采集和狩猎过程中会遇到对人体造成伤害的岩石、荆棘、昆虫等，因此他们会用一些树叶和兽皮覆盖于身体的重要部位，以防受伤。这种保护行为逐渐扩展至全身，便形成了人类的服装。同时，人类的祖先为避免狩猎和劳作时赤裸的手腕和脚腕被刺伤或受到野兽的侵害，用木头、兽皮做成了护腕的手镯、脚镯，后来逐渐发展并形成了人类的配饰。在科技发达的今天，人类研制出了各种各样的功能性服装，如防静电、防毒、防弹、防菌、防尘的服装，其目的都是保护身体，防止受伤。

（二）心理需求论

(1) 装饰美化说。这是心理需求论的一种较为典型的说法，这种说法认为服饰起源于一种美化自我的愿望。人之所以要穿衣服、戴配饰，就是为了使自己看上去更美、更有魅力。这一观点得到了许多学者的认同，即用衣物来装饰自身是一种本能。从原始社会人们用羽毛、贝壳制成的简易服饰到用现代化高科技制作的服饰，从大都市的潮流服饰到偏远地区少数民族的服饰，无不彰显人们对美的追求与表现。西汉初年，燕人韩婴在《韩诗外传》中说"衣服容貌者，所以悦目也"，就强调了服饰对着装者的美化功能。在人类文明的发展中，视觉的敏锐程度逐渐超越了嗅觉，人们对于形象、色彩、美的感受能力越来越强，因此用服饰来装饰、美化自己的说法较为常见。

(2) 象征说。这种说法认为配饰最初是作为身份的象征来使用的。如原始社会中的首领、强者会用一些具有象征意义的物件来装饰自己，以凸显其地位、力量、财富与权威。在有的部落里，一些人会把自己所有的布料全围在身上以示富有，即使在炎热的夏季他们也会这样做，而不穿衣是奴隶特有的标志。同时，人们还依据个体的穿着判断其社会地位，如古代帝王的冠冕以及贵妃的簪钗，都是用来彰显其身份和地位的。此外，留长指甲并用金质或银质的壳加以保护，也在无声地说明长指甲的人不用参与劳动。

(3) 吸引说。这种说法认为服饰是为了美化外表，从而吸引异性，当然这也被社会学家认为是符合人类自然生长规律和人类社会发展规律的。比如，原始社会中的男性通过佩戴兽角、兽牙来展现自己的勇敢、强壮、有力，从而达到吸引心爱异性的目的。服饰就是基于这种心理而逐渐发展起来的。

(4) 精神分析说。这种说法认为服饰的本质是物质，但在穿着过程中，这种物质形态会投射出许多心理和精神层面的东西。服饰对一个人的自尊心和安全感有积极的作用，可以使自我价值感得到提升。服饰作为个人外表的一部分，体现了内心的取舍，也是对自我身体形象的评价。美国心理学家和服装工作者从20世纪50年代开始，就通过"服装疗法"

对精神障碍者进行治疗，让患者观看服装表演并请专家对他们进行化妆、发型设计、服装设计等的实地指导，让患者自己动手制作衣服并上台表演，以恢复患者的自我价值感和安全感。心理学博士詹妮弗·鲍姆嘉特纳通过衣橱心理咨询改变了很多人的生活方式与态度，并得到了人们的认可。她认为，通过服饰能诊断内心问题、展现内心世界，每件衣服都是内心深处一次下意识选择的结果。例如，如果一位女性的衣橱里充满了宽大且没有曲线的衣服，可能是她正在为自己的体重感到自卑，想隐藏赘肉或者遮盖自己身体的缺点，又可能是因为生活中的烦恼、纠结和痛苦太多而没有心情和时间装扮自己。

>>> 三、形象设计的概念

提及形象设计的概念，首先必须明确何谓"形象"，何谓"设计"。形象属于艺术范畴，泛指占有一定空间、具有美感的形象或者是使人通过视觉来欣赏的艺术，可概括为创造出来的物体或人物的形象。《现代汉语词典》中对"形象"一词的解释是"能引起人的思想或感情活动的具体形状或姿态"。形象是人们的感知器官收集到的某一客观事物的总信息经过大脑加工形成的总印象。简单来讲，形象就是一个人的外貌、体态、服饰、气质、仪态、心灵等可感知的视觉化呈现。设计在《辞海》中被解释为"在正式做某项工作之前根据一定的目的、要求，预先制订方法、图样等"。设计是一个从思维、实践、理论再到实践的反复修正过程。

明确了"形象"和"设计"的含义之后，下面介绍形象设计的概念。从广义上讲，形象设计是指在一定的社会意识形态支配下进行的一种既富有特殊象征意义又别具艺术美感的创造性思维与实践活动。狭义的形象设计是以审美为核心，依据个人的年龄、职业、性格、体型、脸型、肤色、发色等综合因素来指导人们进行化妆造型、服饰搭配及体态修饰的创造性思维和艺术实践活动。形象设计又称形象塑造，不仅指对人的外在容貌进行包装和塑造，更强调内、外在的一致。内是指一个人的内在气质、修养、审美、品位、心灵和智慧，外是指运用专业技巧，使一个人的外在形象与其性别、年龄、身份、身材、性格、环境等各方面相协调。在过去，形象设计一直被更多地应用于明星和政治人物等特定人群；如今，形象设计已进入大众的生活中，被越来越多的普通人所关注。

>>> 四、形象设计与学科

形象设计在高等教育中属于新兴的专业门类，融合了服装设计、化妆艺术、色彩学、美学、搭配技巧、礼仪等多个领域的专业知识，是一门综合性的应用学科。形象设计学科的建立是社会物质文明和精神文明高度发展的迫切需要和必然结果，这门学科旨在培养具有深厚的美学素养、扎实的形象设计技能以及良好的创新能力的专业人才，学生不仅要学习理论知识，还要通过实践提升自己的操作技能和创新能力。该专业的毕业生可从事服装品牌营销、企业形象管理、专业化妆造型、服饰搭配顾问、个人形象设计等多样化的职业。形象设计专业在经济发达的国家已经发展得十分成熟，而在我国还处于发展阶段。随着经济的快速发展、物质生活的日益丰富，人们对时尚与美的追求愈来愈强，社会对这个行业的人才的需求也在不断增加，符合大众需求的个人形象设计服务也应运而生。形象设计师的出现充分顺应了消费者的需求，拥有广阔的职业前景，是21世纪发展最快的时尚职业之一。

形象设计以其新颖的设计理念和科学的设计方法，解决了人们在着装方面的问题。形象设计中的美学、化妆、发型、服饰搭配并不是孤立存在的，而是相互交织、共同作用于整体形象的塑造，这对形象设计师的整体造型能力和掌控能力提出了更高的要求。形象设计师只有具备深厚的服饰文化背景、扎实的设计能力，才能设计出具有文化底蕴且富有内涵的形象。有内涵的形象设计不仅能提升国民的审美意识，还能提升整个民族的文化品位和素质。

第二节　服饰形象设计的意义

服饰不仅能改造人的外在体形，还能在心理层面上影响人们的意识，让人们了解自己的内在需求以及未来的目标，并判断目前的外在服饰呈现是否和未来目标相匹配。怎样提升自我价值感，怎样树立合理的人生目标、创造成功的人生呢？每个人不仅是生活的体验者，更是生活的创造者。一个内心追求成功的人在形象上不会邋遢、随意；同样，一个愿意改变自己的人会扔掉那些与自我不协调的服装，掌控自己的着装方式和表现方式，收获自信、得体、影响力。

>>> 一、服饰形象设计的概念

服饰形象是个人形象中的主体内容之一。服饰形象设计是指形象设计师围绕人的身体即根据人的身材、相貌、肤色、姿态、气质等一系列的自然形式要素对人的美好修饰。这种修饰需要借助服装的色彩、款式、面料，因此服饰形象设计是研究人与衣服和谐共生的视觉传达艺术，旨在帮助个人塑造独特的视觉形象。

穿出影响力

（一）从设计对象的角度来看

服饰的最终目的不仅是御寒防暑、保护身体，更重要的是寻求自我认识、自我理解、自我重塑，以及获得族群认同、进行身份诉求、表达社会情感。每一个有修养和独特品位的人，都会用得体的外在形象来展示内在美。穿什么、如何穿、什么场合穿已经成为人们生活中要"习得"和"传承"的生活常识和技能，甚至成为有品位、有审美、有修养、有智慧的象征。莎士比亚曾说过："即使我们沉默不语，我们的服饰与体态也会泄露我们过去的经历。"越来越多的着装者通过服饰的选择来表达自己的内心世界。穿什么样的服饰源于内心深处对不同形象的接纳或拒绝，因此搭配实际上是取与舍的过程。在这一过程中，人们学会了放弃那些不适合的服饰而选择那些适合的服饰，在取与舍之间学会了选择与放下，从而达到人与衣物、人与人的和谐共生。

（二）从设计师的角度来看

服饰形象设计师要全面观察、分析服饰形象主体，从内在到外在了解着装者，并通过诊断、分析、搭配，使服饰与着装者的性格、气质、所处环境、身份和谐。形象设计以其科学的设计方法和独特的设计理念，解决人们着装方面的困惑并帮助人们塑造美好的形象，它不仅是时尚界关注的焦点，也是普通大众提升形象的必修课程。

能够体现时代价值观、审美意识的形象设计才是真正成功的形象设计。例如，87版电视剧《红楼梦》体现了老一辈文艺工作者虔诚的态度。在那个没有滤镜、没有美颜的年代，化妆师杨树云老师凭着对角色和人物的体悟及化妆技巧，设计出了独特的人物形象，让观众觉得一个个人物像是从原著作品里走出来似的，也让《红楼梦》美了近40年并成为影视经典。为了给《红楼梦》中的上百个人物设计出气质各不相同的造型，杨树云老师不仅查阅了古典文化、古诗词等相关史料，还把《红楼梦》原著重读了七遍。因为他知道，化妆不是画皮，而是画心，不只是要把人画得漂亮，还要让他们从书中走出来。为了画林黛玉的似蹙非蹙罥烟眉，杨老师翻遍古籍，找到了卓文君的远山眉、西施的捧心蹙眉，却唯独没有找到曹雪芹笔下的罥烟眉。迷茫之际，他从曹雪芹好友的古诗中发现了一句"遥看丝丝罥烟柳"，柳芽在晨雾中随风飘曳，是柔柔的青灰色罥烟眉。林黛玉的扮演者陈晓旭起初不愿意画这种八字眉形，但她在看到镜中自己的黛玉造型后，忍不住哭了，对杨树云老师说："杨老师，我怎么看我这么可怜呢？我终于找到角色的感觉了。"杨树云老师对妆造极致的追求，让《红楼梦》的每一张画面都堪称完美。黛玉初到荣国府下轿时，光是那双纤纤玉手，杨树云老师就用了整整两个小时来画，真实地再现了宝黛初见的场景。从杨老师身上可以看出，形象设计师不仅要了解美学、心理学、社会学和成功学等，还要有对艺术的虔诚态度，能够精益求精地分析、梳理、提炼、转化和升华，同时，拓宽自己的视野，培养自己对社会生活、时代发展以及民族文化的敏感性。

（三）从观赏者的角度来看

人们通过欣赏服饰作品，提高了对美的认知能力、艺术鉴赏力和艺术修养，人们会被美所表现出来的崇高思想和道德情操所打动，从而去追求真、善、美，优秀的服饰形象或作品也会使观赏者的感情得到净化，文化层次得到提高。比如，当我们观看唐装、旗袍等传统服饰文化作品时，我们不仅看到了美，还能看到服饰文化中的纺、织、染、绣等非遗传统技艺及优良的传统文化。

>>> 二、服饰形象设计的意义

服饰形象体现了一个民族的文化素养、精神面貌和物质文明发展的程度。以老庄为主的中国传统哲学思想主张"天地有大美而不言"，只有顺应自然且人与自然和谐统一，才能获得"大美"。这里的"大美"告诉我们，对于个人而言，服饰形象设计的魅力总离不开"真、善、美"三个字。真是指个体自身的色彩（包括肤色、发色、瞳孔色、眉毛色、眼球色等）、体型、内在性格的真实呈现，善是结合不同的场合、经济条件对服装进行精心的选择、搭配、组合，从而呈现出来的美的形象，善包括自身阅历、审美品位、修养，真善结合起来就会更美。个人服饰形象设计不仅是为了追求外在的美，更是为了帮助个人展示出良好的品质、能力和自信。个人服饰形象作为人们表达内心世界的载体，日益成为人们寻求认同、理解、诉求的一种最为直接的途径。

（一）修饰体态，美化容貌

爱美之心，人皆有之。人们对买衣服、穿衣服、搭衣服的执着源于爱美的心理。服饰形象设计的魅力首先在于穿着者通过服饰扬长避短的美学规律修饰体型、肤色、比例，从而美化容貌与形体。人的身体结构

穿出真善美

大致相同，但比例和体态却千差万别。我们所说的标准体型，就是指人类社会约定俗成的正常形体。这类人的身材通常高挑修长，身体的各个部位基本对称，比例适当，胖瘦均匀，而且具有优美的体态。通常情况下，大部分人都非标准体型，所以需要服饰去修饰。例如，在穿搭过程中，通过视觉元素的运用，着装后能够直接或间接地美化及修正人的体型；利用服装上端离面部最近的衣领修饰脸型，改变领型的大小、长短、位置、色彩，就会产生不同的视觉效果，尤其在"色彩视错"的影响下，既能放大面部弱点，也能修饰转化弱点。脸型瘦长的人搭配角度小又深的 V 领时会产生强调效果，从而放大面部瘦长的特征，更显脸长。同样，脸型宽大的人搭配水平延伸的一字领时会使视线横向延伸，从而放大面部宽大的特征，更显脸宽。正确运用视错元素设计的服装能针对人的体型起到"扬长避短"的视觉作用，即缺点被弱化，优点被强化。因此，我们无法简单地评价一件衣服美或不美，不起眼的服饰单品经过精心搭配也会有意想不到的效果，而漂亮的衣服如果搭配不当，就不会产生良好的视觉效果。

服装的款式、色彩、面料、图案都可以不同程度地修饰体态、美化容貌，满足人们不断更新的审美需求。形象界流行的语言,如"好身材是遮出来的""三分长相,七分打扮""人靠衣装，佛靠金装"，就强调了服饰对人的修饰与美化意义，也是对穿着者的外表与内在精神世界的雕琢与提升。

（二）树立积极的自我形象

服饰作为身体自我与社会自我的外在表现形式，不仅能激发个体的情绪，而且还与情绪相互交融。著名的心理学家杰克·布朗认为"选择适当的服装，可以改善情绪"，他通过试验和跟踪调查，证实了其理论是正确的，即称心的衣着可松弛神经，给人舒适的感受。服装虽为一种物质，从外表来看只是由具象的面料通过抽象的颜色、结构设计构成的，不具备语言和情感的表达能力，但是人们在选择服装的过程中，都希望能够通过服装和人体本身共同构造出的形象将个人意识准确地表达出来。在这一表达过程中，服装会带给着装者一些心理暗示，着装者根据自己的需求选择服装之后，也能够将本身的心理活动通过服装完美地展现出来。越来越多的人感受到了这种内心和外表之间的关联，越来越多的人明白穿上舒适、喜欢、漂亮的衣服可以使心情更愉悦。

情绪调节是个体为适应社会生活，在觉察、评价自己或他人情绪的基础上，选择生理、认知和行为等方面的策略，对情绪予以调节和控制的心理过程。将服饰形象对个人情绪的积极影响发挥到实际生活中去，从个人形象管理的方面出发，有效地引导着装行为，可促

进个体形成健康完整的心理状态与人格体系。良好的自我形象不仅展示了美丽，也展示了爱、尊严、力量。我们穿上职业装时，会感觉自己利落干练；穿上礼服时，姿态会变得优雅；穿上红色的衣服时，会有喜庆的感觉；而当我们穿上又丑又旧的衣服时，心情就会沮丧。可见，衣服所传达出来的信息会对我们产生重要的影响，如影响我们的想法、感觉、行为等。国外有一个流行的职业，即衣橱心理咨询师，他们通过分析衣橱及服饰形象，了解个体的穿衣困惑，帮助个体改变对衣着选择及自我形象的理解，从而达到改变生活的目的。从这个层面上来看，挖掘衣着选择的深层次原因，不仅能提升个人的衣品，还可以帮助人们树立积极的自我形象、提升自信，建立一种积极的生活态度。

（三）打造完美的第一印象

在人际交往中，第一印象的好坏对人际交往有着非常重要的影响。第一印象的形成只需要短短的30～45 s，而且这种印象一旦形成，会在人的头脑中占据主导位置。第一印象在心理学上叫首因效应，无论它是错误的还是正确的，大部分人都依赖于第一印象。毫不夸张地说，第一印象无处不在，我们的穿着、动作、言语都是第一印象的载体，在很大程度上影响着别人对我们的学识、能力、身份、价值的判断。第一印象的好与坏几乎可以决定人们是否能够继续交往、继续合作。心理学教授艾伯特·马伯蓝比做了长达10年的研究后，得出了关于第一印象的定律，即第一印象的55%来自人们的外表、穿衣、打扮，38%来自人们的肢体语言、神态、语气，7%来自人们的谈话内容。因此，在第一印象中起着决定性作用的是人的外在形象。

穿出好印象

在爱情中，人们更容易因为第一印象而决定是否继续交往。例如，白领小强去相亲，他收入不菲，长相也不差，却在相亲中屡屡失败，深究原因，女孩都说对他的第一印象不好，感觉他对外表太不讲究，衣服皱巴巴的，看不出白领气质。在工作中，良好的第一印象是打开机遇大门的一把钥匙。英国伦敦大学一位系主任在谈到对一位讲师进行面试时说："从她一进门，我就感觉她是我们想要的人才，她那庄重的外表散发着某种精神，只有一个有高素养、可信、正直、勤奋的人，才有这样的光芒。"形象走在了能力前面，虽然第一印象并不能完全反映一个人的真实状态，但人们在评价他人的时候总是习惯先入为主。每个人都没有第二次机会给对方留下第一印象，第一印象不但包括容貌、服装、谈吐等外部形象，还包括可信度、真实感、善恶感等内在品质。

（四）传递信息

服饰在形象设计中具有无声语言的功能。之所以被称为"无声的语言"，是因为在日常沟通中人们都是在着装状态下进行的。虽然服饰语言不像言辞语言那么强烈，却无时无刻不在传达着穿着者的思想、价值以及审美品位，甚至能展示出这个人是否值得依赖。罗杰·艾瑞斯被人们称为形象颠覆者（即能完全颠覆原有形象并打造出全新形象的人），他用"形象是一种语言"来总结他对形象设计的看法，认为个人形象决定着传递给他人的信息内容。投资商李先生在上海初次见到王先生后，就做出了不给王先生投资的决定。李先生形容王先生："从他的外表一看就知道他没有他所讲的商业经验，第一次见面，纽扣掉了都没发现，我无法相信他能成功运营一个项目。"从这个案例中可以看出，王先生的服饰传达出不可靠、不安全、不严谨、不认真的信息，而关于金钱方面的委托，安全感往往是主要的考量标准。

衣品不仅是一种能力，也随时随地表达和传递视觉信息。美国一位研究服装史的学者说，一个人在装扮自己时，就像在填一张调查表，写上了自己的年龄、性别、职业、社会地位、经济条件、婚姻状况，为人是否忠实可靠，其在家中的地位以及心理状况等。当我们看一个人时，不仅会看这个人的长相，还会看其衣服、发型、口红的颜色等，从而判断出这个人形象背后的生活态度及内在品质。比如，企业家在出席重要场合时通过选择新中式服装向世界展示中国传统服饰之美。自媒体时代，在打造个人IP的过程中，服饰可以精准地和个人的赛道、产品形成呼应，优雅知性、简约干练、精致时尚，这些视觉关键词会通过个人的服饰迅速地让他人对自己建立认知。因此，一个人可以通过选择不同的服饰，传递自己在他人心中的形象和感觉。如果一个公司的领导不注重形象，会让人感觉公司不注重品质和企业文化；如果一个员工不能展示出职业化的形象，就等于向客户表达我们的产品和服务都不可靠。

（五）为成功而树立形象

成功是指人成就功业、事业或事情获得预期结果。每个人的健康、财富、幸福都属于成功的范畴。世界上有98%的成功源于那些鼓足勇气、不惜一切追求梦想的人。人们可以做的，就是最大限度地提高成功的可能性。穿着得体、真诚自信的人往往比那些穿着邋遢、刻薄无礼的人有更多的机遇。成功者的形象通常是干净的、整齐的、符合审美的。成功者通过形象向世界传递其权威、可信度、职业度及影响力。良好的外在形象能让人们对自己的言行有更高的要求，也能唤醒自己内在沉积的良好素质。成功的事业是成功人生的一个基本内容，而追求成功的事业离不开得体的外在形象，从这个层面理解，良好的形象设计可推动事业的发展。

形象设计不仅涉及色彩、风格、体型等外在美，更多的是它融入了心理学、美学、哲学等知识，而且要求设计者深入了解个人、公司和企业文化等，这就意味着优秀的形象设计师要不断地丰富自己的专业知识和素养。

>>> 三、个人服饰形象体系的构建

个人服饰形象体系的构建包含以下三种能力的培养：一是自我认知的能力，二是探索形象美学规律的能力，三是践行美的能力。这三种能力需要不断地刻意练习，通俗地说，就是要先研究自己，再研究服饰与美学的规律，最后不断实践这些规律，直到成为美的践行者和推广者。

个人形象体系构建

（一）自我认知

1. 自我认知是个人形象定位的起点

个人对自我的理解，往往制约着其服饰搭配的审美倾向。有些人并不真正地了解自己，甚至从未了解过自己，所以他们才会对怎么买衣服、穿衣服、搭衣服产生困惑。这里说的

"自己"包括外在的肤质状态、五官比例、身材骨骼，内在的个性风格、心理特点、社会角色、职业需求、生活方式等，这些都构成了着装的参考要素。从某种程度上来说，审美是认知"自我"与世界关联的开始，一个人对自己的认知，决定了他对美的领悟、对关系（人与物、人与自然）的领悟。当我们穿的衣服、个人的状态、身处的环境都达到和谐的状态时，就会表现出由内向外的美。我们常常将服饰调整称为近景魔术，通过不同款式、色彩、材质、图案的服装将我们希望被别人看见的地方凸显，而将不希望被看见的地方隐藏。

2. 挖掘自己的优势，接纳自己的不完美

近年来，一些人被所谓的"白幼瘦"审美标准所影响，产生了容貌焦虑，甚至严重影响到自己的工作和生活。事实上，每个人都有优点和缺点，没有人是完美的，认识自己，就意味着接受自己的不完美，以更宽容、更包容的心态去看待世界与他人。正是因为不完美，我们才有打扮的空间。如果我们能客观地认识自己，允许自己的不完美，接纳自己的不完美，同时也承认自己的优势，挖掘自己的长处，就能够快速地找到真正凸显优点和规避缺点的服装。自我认知是一个内外兼修的过程，也是一个自我蜕变的过程。

（二）探索形象美学规律

美学规律是指人类在欣赏美和创造美的过程中，以及在一切实践活动中，所表现出来的有关美的尺度、标准等诸多规定的总和。服饰美学规律主要涉及比例、平衡、节奏等美学原理，服饰搭配的形象美学规律无外乎以下几点：

1. 色彩使人美丽——找到适合自己的色彩

色彩在服饰搭配中有举足轻重的作用。色彩可以使人美丽，可以改变一个人的气质、年龄，也可以调整一个人的情绪。当缤纷的服饰色彩呈现在人们面前时，如果选择了不适合自己的色彩，就会破坏美感、降低品位。因此，每个人在寻找自己和衣服颜色的关系上，首先要知道自己穿浅色好看还是深色好看；其次要知道自己穿冷色好看还是暖色好看；最后知道自己穿艳色调好看还是穿浊色调好看。这可以在不断试错的过程中总结出来，也可以直接通过形象顾问测出自己适合的色彩。

2. 风格使人独特——时尚易逝，风格永存

风格是审美品位不断累积后的自然流露。一本书、一部电影、一段旅途，都可能成为影响我们审美品位的潜在因素，进而影响我们的风格。风格赋予了形象设计活力与感情，没有风格，形象设计就没有独特性、没有灵魂，风格表达了形象所具有的个性特色。人物形象设计风格是形象外观与精神内涵相一致的综合表现。每个人因脸部、骨架量感、曲直、动静的不同而有不同的个性、气质和情调，这表现为一个人是自然之美还是优雅之美，是浪漫之美还是中性之美，是可爱之美还是贵气之美等等。将适合的服饰风格与人物的个性特点、职业特点，以及妆容、发型、服饰匹配，才能相互彰显、人衣合一，人物风格的美感才能得以充分体现。

3. 搭配使人显高显瘦——选择适合体型的款式

款式常指服装样式，由服装的内外结构、色彩图案、面料材质组成。衡量一套衣服的

款式是否适合自己的体型，就是看穿衣效果是显高显瘦还是显矮显胖。显高显瘦利用了视错觉原理，也就是当人在观察某种物体或图形形态时，由于主观的经验主义或者不当的参照因素干扰，形成了错误的感知判断，使观察者的视觉生成与客观物体不相符，即视错觉产生。在款式的选择上，我们要了解自己的体型以及穿衣雷区，因为同样的衣服穿在不同的体型上，效果是截然不同的。不同的人，其身高、胖瘦是不一样的，因此搭配方案也不一样。我们可以利用长短视错、曲直视错、大小视错及色彩视错等美化与修正体型，从而达到扬长避短的目的。

4.妆容赋予人物生命力——选择适合自己的妆容

妆容是整体人物形象的重要组成部分，在整体形象设计中被称为形象之冠，它不仅是一个人精神风貌的体现，也是一个人形象的焦点。妆容的色彩、浓艳程度、风格表现与人物以及服饰的风格、场合结合才能有的放矢。适合的妆容在形象设计中能够准确诠释服装的理念，赋予人物生命力。在日常生活中，妆容是在不改变自身特点的基础上进行描画的，因此应以自然、真实、协调、不留痕迹为主要原则，将自己的本色美与修饰美有机地结合起来。

5.配饰彰显品位——搭配之点睛之笔

配饰是服饰形象设计的点睛之笔，主要包括首饰、围巾、帽子、包、鞋子等，是服饰形象设计的延伸和丰富。利用配饰将穿着者最优秀的部位作为引导视线的聚焦点。比如，穿着者的五官标致，就可以利用耳环、项链将人们的视线吸引到头面部。脖子短或脸型小的人要选择带有小巧坠饰的细长项链，如果佩戴短而粗的项链圈，则会使脖子显得更粗更短，给人呼吸不畅的感觉。配饰的作用不仅在于点缀和装饰，还可以调整、平衡、强调和烘托人物形象的某些特点，突出穿着者的特点和品位，使穿着者展现出最佳的精神面貌和状态。配饰太多显复杂，太少显寡淡，恰到好处的配饰让服装显得更有层次，还能展现独特的个性和魅力，也更能凸显服装的风格。越简单的衣服越要戴配饰，以营造整体着装的独特个性与艺术品位。

（三）践行美

穿搭是一场不断学习和实践的旅程，美感是在不断训练及实践的过程中提升的。在掌握了服饰穿搭美学的底层逻辑后，应不断将理论知识运用到具体的服装选择和组合中，逐渐提升自己的审美和搭配能力。

一些人没有践行美是因为心理上没有实现自我突破，其归纳起来主要有以下几点。

(1) 不敢穿：在装扮自己的过程中过度在意他人的看法，甚至不敢穿漂亮的、新的衣服。要想克服这点，可以从穿自己感觉舒适且能展现自信的衣服开始，逐渐尝试新的风格。

(2) 不会穿：不了解自己，找不到适合自己的风格。对于此类问题，我们可以多看一些时尚影视剧以提升审美，并寻求专业的形象设计服务。

(3) 不重视：不知道形象的重要性，不知道美也是一种竞争力。要改变这一点，可以试着了解形象对职业发展、社交关系等的影响，认识到外在形象是内在价值的体现。

(4) 不自信：总认为自己不够好，总是追求完美，觉得穿什么都不好看。针对这一限制性观点，可以寻求正面的反馈与支持，比如参加形象提升课程或与有良好衣品的朋友交流。

(5) 不快乐：没心情打扮自己，生活任其随意。情绪状态会影响人们打扮自己的意愿，因此我们应找到生活的乐趣，找到自己热爱做的事情，如果需要，可以寻求懂衣橱心理的老师的帮助，以解决深层次的自我形象问题。

(6) 错误的看法：认为美丽需要花很多钱。事实上，通过学习搭配不仅可以减少审美淘汰、减少不必要的买买买，还能创造时尚而美丽的外观。

(7) 缺少主见：总是因跟潮流而失去自我。这是一种缺少主见的表现，体现在生活的方方面面。针对这类问题，我们需要定期反思自己的选择和行为，学会说"不"，不必为了迎合他人而牺牲自己的喜好和价值观。

(8) 仪态不美：含胸驼背，表情压抑。我们可以通过练习良好的姿势、面部表情和身体语言来改善体态。

思 考 题

1. 化妆师杨树云为 87 版《红楼梦》化妆的事例展现出了哪些工匠精神？
2. 谈一谈个人服饰形象设计的魅力与价值，并以 PPT 的形式进行演讲。
3. 为什么在践行美的过程中，首先要在心理上突破自我？
4. 谈一谈审美与个人自信、文化自信的关系。

第二章
服饰美学基础

服饰形象设计遵循一定的美学规律，服饰美学是形象设计师的必备素养。服饰美学是研究服饰、美学及美的规律的学科，主要研究内容包括服饰与场合的关系、服饰与环境的关系、服饰与人体美的关系等。随着经济的发展、生活水平的提高，服饰除发挥其实用性外，越来越倾向于向审美价值转变，成为人们日常生活中较为常见的艺术形式之一。

第一节　美　学　基　础

美学是研究美的本质的学科，主要研究美的起源与发展、美的规律、美的艺术表现形式等。它属于社会科学范畴，与艺术学、心理学、语言学、文化学等紧密相连。

>>> 一、美学的定义与特征

在生活中，每个人都有对于美的体验。客观来说，美是对能引起人们美感的客观事物本质属性的抽象概括。

美学的定义及特征

（一）美学的定义

研究美学之前，要先了解美。关于美的定义，众多前人学者有不同的见解。例如，希腊学者认为"美是形式的和谐"，理性主义者认为"美是完善"，经验主义者认为"美是愉快"，法国启蒙主义者认为"美是关系"，德国古典美学认为"美是理念的感性显现"，等等。

美学是研究美的规律的学科，包括形式美、色彩美、和谐美、韵律美等。美学是一门正在发展中的学科，关于美学的定义可以概括为以下几个方面。

1. 从客观方面探索

从客观方面来看，美学是研究美的规律及表现形式的学科，比如美的形式美法则与美的内涵之间的关系、美的规律在社会生活中的作用，以及美的社会属性与美的本质的关系。

从中可以发现和谐、比例、均衡、多样统一等客观形式与美的内在联系。到了近代，开始研究美的自然属性在社会关系中的地位和作用，强调社会属性与美的内在关联。例如，服装设计不只注重审美，也倾向于表达穿着者的职业或社会地位等属性。

2. 从主观方面探索

从主观方面来看，美学是人的意识和情感活动的外在表现形式。这种观点主要从人的审美认识、审美心理、审美观念等方面去探索美。美是一种感觉，人凭自己的感觉判断事物美不美，因此又可认为美是客观事物的主观反映。例如，从实用的角度分析一座桥梁的搭建和从美学角度去欣赏它有所不同。

3. 从社会生活与实践方面探索

从社会生活与实践方面来看，美学是研究"以人为本"的理论，是物化的自然界的人本化理念，是物质与意识的辩证统一，是真、善、美的综合体现。

概括来说，美学是研究人与社会审美关系的学科，研究对象包含世界上所有关于美的事物。具体来说，美学涉及美的本质、美的规律、美的认识、美的感受、美的设计与创造，是设计者的标杆和灵魂。

（二）真、善、美

美学是在近代人类社会经济快速发展的基础上产生的，现代美学追求真、善、美的统一。臻于完美的艺术作品既不能缺少真，也不能缺少善。例如，在时装秀场中，设计师设计出来的服装既符合模特的身材特点，又可以起到遮盖某些缺点的作用，同时又与整体造型相契合，这种表达方式就是真；当在符合特定场合（比如便于运动、便于工作、便于旅游等）的原则下设计服饰时，服装的剪裁或者面料会随着不同的场合进行改变，同时又能体现出着装者的身份、职业、气质等，这种与实用性紧密契合的特征就是善；模特穿着符合真、善特点的服饰，通过专业的形象气质去展示与表演，再加上道具、音乐、氛围灯等元素，就产生了美。真是美的基础，没有了真，便没有了美；善是美的灵魂，违背了善，也就失去了美。

（三）审美观

审美观是人们对于美和丑的总的看法，它是世界观的一个组成部分，有什么样的世界观，就有什么样的审美观。个人的成长环境、文化修养、社会经历不同，审美观也会有所不同。有的人侧重于欣赏事物的内在美，有的人则偏向于喜爱事物外在形式上的美感；有的人喜欢广阔壮烈的美，有的人则追求温柔淳朴的美。审美观是个人根据自身的认知进行理性思考的结果，因此较不易发生改变，审美观一旦形成，就会引导个人生活的方方面面。

服饰形象设计中对当下流行趋势的把握主要是通过对审美观的引导实现的。在这一过程中，在社会上有一定影响力的明星、学者、商业大咖起到了模范带头的作用，他们的穿搭、爱好、生活方式等受到人们的喜爱，进而引起人们争相效仿，形成一种正向的影响力。例如某一影视剧中主角的穿搭或生活态度，展现出一种热烈和积极乐观的引导，给人一种强烈的审美感受，引起许多观众争相效仿。电影《热辣滚烫》中，主角通过健身改变了整体的形象气质，健身前后的巨大反差在社会上引起极大的反响，所传达出来的对生活积极乐观、对自己不放弃的态度正是社会整体风貌和流行趋势的展现。时尚是一个轮回，有很强的周期性、阶段性特点，它在不断的变化中寻求新鲜感、维持生命力。

新知识的学习、新认知的形成、受他人审美观念的影响等因素，都可以引导一个人的审美。人们对客观事物的审美可以分为两个阶段：首先是对事物的情感认知，例如红色这一色彩，会使人产生温暖、热烈的感受；其次是更深层次的感受，不只是对事物客观上的感受，还包括对其内涵与文化意义的认识，这种审美感受与个人经历、知识储备、审美经验有关。人们在感知美的过程中将社会生活与个人情感相结合，相互影响与渗透，从而获得审美感受。

>>>> 二、服饰与美学

服饰是社会生活的产物，具有一定的实用功能和审美功能，是人们生产生活中必不可少的组成部分。服饰是美的载体，服饰美是美学在服装领域的表现形式。服饰美主要通过服饰的裁剪、色彩、面料、图案等因素展现出来。

（一）认识服饰美

服饰是一种物化的符号，标志着人类文明进化的程度。服饰除了具有实用功能与审美功能，还作为一种文化符号被广泛应用于生产生活中。人们用服饰修饰人体，改造形象，服饰也在潜移默化地影响着人们的心理意识与审美。

随着生活水平的提高，人们对服饰美的追求与日俱增，服装设计师们往往把大量的精力用于服饰的款式设计与整体造型上。服饰的款式、面料、色彩与穿着者所处的场合有密切的关联，服饰通过穿着者的演绎充分展现其动感与美感。此外，从性别角度来分析，男性偏理性；女性偏感性。二者之间又因地域文化和种族、情感等因素的不同分化出多元的、开放的服饰美展现形式。最后，服饰还是自由与个性的表达。例如当下流行的中性风，很多女性开始买男装、穿男装，以表达自己洒脱、干练、独立的气质。市面上越来越多的服装都是男女皆可穿着的，这反映出当下人们对服饰个性美与开放美的偏好与喜爱。

在社会高速发展的互联网时代，人们对于美的追求呈现出越来越强烈的趋势。美的本质与核心是人的美，人的美又分为外在美和内在美。外在美即形象美，展现人体外在的美感，例如服饰、姿态、气质、风度、语言等，服饰美是展现外在美的重要艺术形式之一，通过服饰可以传达人体美、展现姿态美、创造气质美；内在美又叫精神美，通过不同的穿衣风格来表达内心状态、性格特点并提升气质。因此，服饰美的展现既离不开外在美，又与内在美密切相关，服饰美的表达已成为人们日常生活中不可分割的一部分。

（二）服饰与美学的关系

从古至今，服饰与美学都是密不可分、互相依存的关系。没有无美学的服饰，服饰是美的载体，美是服饰的体现。服饰与美学的关系主要分为以下四种：

服饰与美学的关系

1. 服饰传达外在美

服饰在起源之初，就与"美"息息相关。早在原始社会，人类就开始对美有所追求。

比如早期的仰韶文化中，就通过刻画花瓣纹装饰彩陶钵。外在美又称形象美，服饰艺术独有的设计表现形式、主题、款式和面料等，最能体现其审美特征。服饰的外在美能更加直观地被人们所观察到，并产生愉悦的审美感受。人们可通过服饰展现穿着者的外貌、身材、性格等，在研究服饰的外在美时，重点分析其款式、色彩、面料和制作工艺给穿着者带来的视觉上较为极致的美的感受。

2. 服饰产生内在美

服饰的内在美是指通过服饰的外在美传达出来的情感之美，是服饰的着装者与观察者之间产生审美共鸣后被感知的既含蓄又隽永的服饰美感表达形式。通常，人们在正确认识社会生活、民族文化、物质水平的基础之上，挖掘和探索深藏在心灵之中的内在美。

3. 服饰产生个性美

服饰的个性美是指不同群体、性格、社会地位的人们对于自我认知的外在表达形式。由于人们的生活环境、教育观念、审美认知的个体差异，形成了不同的性格和个性，因此每个人对服饰的选择和搭配都有各自不同的喜好。例如，有的人喜欢能展现身材曲线的服饰，有的人则喜欢休闲宽松的穿着；有的人偏爱色彩鲜艳的服饰，有的人则喜欢低饱和度的黑、白、灰等色系的服饰；有的人喜欢复杂、华丽风格的服饰，有的人则偏爱朴素、大方的棉麻风格。根据个人审美和着装特点，服饰形象主要分为简约风格、都市风格、民族风格、嘻哈风格、中性风格、欧美风格、学院风格等。

4. 服饰产生流行美

中国的服饰文化可以追溯到原始社会旧石器时代晚期；周朝的服饰已经有了祭礼服、朝会服、吊丧服、婚嫁服等的区别；春秋战国时期，服饰风格趋向多元化，上层社会盛行奢侈之风；汉代服饰出现了春青、夏赤、秋白、冬皂，与四季、节气的特点相呼应；魏晋南北朝时期民族大融合，呈现少数民族服饰与汉族服饰相互影响的特点；隋唐时期服饰华美、清丽，女性着短衫窄袖、女性着男装的形象成为其独有的标志；到了 20 世纪，旗袍、长衫、中山装、学生装、西服、职业装、高跟鞋、丝袜等各式各样、种类繁多的服饰相继出现；21 世纪，人们开始注重自身气质的提升，以及通过时尚单品的搭配展现个性之美……不同时期、不同风格的服饰在历史的长河中展现出其独特的服饰风貌特点。

服饰形象设计是一个知识整合的过程，它的最终目的是满足人类多层次的物质和精神需要，是感性和理性思维的融合过程。

第二节　服饰美的基本特征

服饰美是一个综合性的整体概念，它是众多审美要素相协调所构成的一种统一美。服饰美蕴含着美与文化，是功能与装饰、物质与精神、形式与内容的统一。它通过实用性、审美性、制作工艺以及象征意义这些元素，塑造出人物整体形象上的美，表现出服饰特有的审美特征，为人们带来精神和物质的双重享受。

根据众多学者对美的认识，服饰美的表现形式可以总结为以下三种。

（一）服饰美的形象具有感染力

形象是美的载体，美主要通过形象来展现。服饰美的形象与艺术作品中的色彩、线条、造型等形式密切相关，通过把美的元素进行有规律的组合、夸张、变形等方式进行有效设计，精心打造出一件件服饰作品，这些作品不仅视觉冲击力强，更能在感官层面触动人心，让人由衷地感受到美的感染力。黑格尔认为"美的生命在于显现"，所谓显现就离不开感性形式。车尔尼雪夫斯基认为"形象在美的领域中占有统治地位"，他进一步提出"个体性是美最根本的特征"。美是个性与共性的交融，美是一个不设限、自由多彩的感性世界。因此，在进行服饰形象设计时，我们必须高度重视并充分挖掘服饰的个性魅力。只有那些拥有鲜明风格和独特形象的现代服饰产品，才能在时尚潮流中脱颖而出，成为引领潮流的佼佼者。这样的服饰作品，不仅令人眼前一亮，更能深入人心，展现出服饰美的形象所独有的感染力。

（二）服饰美具有功利性

任何社会活动都有其目的性和功利性，也就是人们生活当中所说的"有什么用处""有什么好处"等，服饰美也不例外。从美的形成和发展来看，功利性先于审美性。人类的创造首先要对自己有用、有利，然后才可能成为美，美与功利性密切相关。在美的事物中，功利性被升华为形象，又消融在形象中。人们在欣赏艺术作品时，主要从专业的角度去感受与分析，几乎不会涉及功利性。艺术作品通过陶冶情操、升华品格等方式体现其社会功利性。服饰形象设计是实用性与审美性的结合，既有在经济上的商业性质，又有在穿着上的实用性和在审美上的美化性等。美所在之处即功利所在之处，功利是躯体，美就是它的外衣。

（三）形式要素构成服饰美

形式与内容是事物的两个方面，只有形式的艺术作品就是个躯壳，空有华丽的外表；没有形式的内容枯燥乏味，缺少美感。人们在创造美的过程中，运用了大量形式上的美感元素，并对这些元素进行归纳、提炼与总结。例如，服装造型中，衣领、腰身、袖型等是基本组成元素，这些元素组合在一起进行设计时，需遵循特定的构成法则。

服饰的形式美法则是人类在创造美的过程中对形式规律的经验总结，是劳动和历史的产物，也是文化积淀的必然结果。早在旧石器时代，人类已经发展了对称的形式和圆的形状，到了新石器时代，石器造型规整、多样，人类对形式愈加敏感，形式也愈加丰富。形式美存在于各种艺术作品中，并在不同种类的艺术表现形式上相互渗透与融合。例如《洛神赋》中"髣髴兮若轻云之蔽月，飘飘兮若流风之回雪"就是人的外表美与自然美的相互渗透。

美的规律存在于大自然及各种社会活动和艺术作品中，并随着时代发展而变化，并不是永恒不变的。它既有客观标准，又有多样性表现。美的规律客观存在，人们需要在创造美的实践过程中，利用美的规律创造出更具有时代特征的艺术作品。

>>> 二、服饰美的个性

审美的个性化特征，即不同对象在面对同一服饰形象时，做出的符合个人认知及喜好的审美判断。服饰美具有个性化的特点，这是由不同的生活环境、个人经历、受教育程度及个人的感性认知所决定的。

（一）个人审美的差异性

由于人类的社会生活受到不同时代经济发展条件的制约与影响，因此不同时代的审美呈现出一定的差异性。个人的审美观念与时代发展特征息息相关，在不同的社会发展时期，对审美的判断标准也存在很大的差异性。

审美具有时代性。从人类拥有服饰文明开始，至今已有数千年的历史，通过研究服饰的发展史，可以发现东西方的服饰风格都有了巨大的变化。例如，我国的仕女图，其不同的表现风格反映了不同时代的审美风尚，唐代以丰满丽质为美，明清时期则以纤瘦清秀为美，这就形成了两种截然不同的审美风格。西方18世纪文艺复兴时期的洛可可式女装，极尽奢华，装饰繁复、华丽，紧身胸衣的使用说明放弃了服饰的舒适性特点，而仅仅追求形式上的美感；到了20世纪90年代，服饰界掀起了崇尚自然的潮流，开始流行宽松、休闲的服饰。

地域的不同也会造成人们审美观念的不同，如龙是我国的吉祥物，但在西方国家却是凶狠的象征；蝙蝠谐音"福"，在我国是福气的象征，而在西方却常常与吸血鬼联系在一起。由此，不论时代如何变化，不同区域都会有自己独特的地域风貌、民族风情和传统文化。在美的观念上，应打破传统美学学术化的特点，从服饰美学的传承、设计和创造方面进行研究。

（二）服饰美认知的多样性

服饰设计中所谓的设计对象的"定位"，有针对消费者年龄层的定位，有针对不同经济收入的定位等，如高定服饰与成衣服饰，对不同经济收入的定位也就是对社会阶层的定位。服饰设计要在研究各个社会阶层的审美的前提下进行设计与再创造。

个人的审美标准具有主观性。影响个人审美观念的因素主要有个人喜好、年龄、性别、职业、文化修养等，从某个层面也反映了服饰美具有主观性的特点。在服饰设计过程中，也融入了设计师个人审美的元素。此外，服饰的欣赏者在对美进行鉴赏时，也以自己对美的标准来衡量服饰美，个人的主观认知在服饰美的判断过程中起到了极为重要的作用。就服饰搭配艺术而言，如何进行服饰的组合搭配，整体的服饰形式组合是否美观，是与服饰搭配者个人的审美思想相符合的。不同的人为同一个模特进行服饰搭配的设计时，会有不同的服饰搭配方案，每个设计者都会按照自己心目中关于美的认知进行设计和创作。

另外，对于服饰美的认知还会因个体当时的心理状态及情绪因素而不同。因此，要培养良好的审美，就要不断提高个人的文化知识和修养，也要注意美化物质生活环境，不断培养良好的审美观念。

（三）个体与群体之间的差异性

个体与群体之间审美标准的差异性表现在各个方面。就服装设计师而言，设计的作品能否受到消费者的喜爱是其成功的重要衡量因素之一，一个成功的服装设计者能够准确地把握消费者的心态，从而提前进行款式的规划及风格的设计。

互联网的发展增加了人们之间互相交流的媒介，建立了更多的沟通渠道。如在网络上经常能看到一些网友对影视剧、戏剧等的服饰予以评价，这就是个人审美与社会群体之间的差异所引发的讨论。影视剧、戏剧的服饰设计不仅是个人审美观念的问题，而且还是服饰的外在形象能否符合广大观众审美标准的问题；明星的着装也需要更多地注意社会当下的流行元素。同时，在服饰设计过程中，还应综合考虑服饰审美的个人观念与着装者客观环境之间的关系。设计师在设计服饰作品时除了利用自己专业的审美风格发挥自己的主观能动性，形成独具个性的艺术作品，在整个设计过程中，还要考虑到消费者的穿着场合，使之相适应，这也是个体与群体之间差异性的表现。

>>>> 三、服饰美的共性

互联网时代，人们会因共同的爱好、共同的社会经历或者共同的朋友形成紧密程度不同的群体。这些群体由于共性会对某一事物产生相同或相近的审美感受，这种对同一事物产生相同或相近的审美判断和审美评价的现象，就称为美感的共性。

（一）人们对美的事物的认同具有共性

美感的共性又称为美感的普遍性，美感的共性在不带有任何功利性的艺术设计作品中表现得尤为明显。在漫长的历史发展长河中，人类创造了许多跨越时空的美。比如原始人用矿物颜料画在岩石上的壁画，陶器、瓷器上精美的纹饰，以及古代服饰上繁复、华丽的刺绣图案等，至今仍被广泛应用和欣赏。服饰作为人类生产生活中不可或缺的一部分，其发展跟随人类整体文化的发展趋势而变化。

不同的民族、地域之间，在表达服饰的某些特征上也有惊人的相似之处。例如，男士服饰推崇阳刚、庄重，女性服饰则倾向于展现温柔、优美；职业服饰要求规整、精致，休闲服饰讲究随意、自然；生活服饰要求简洁、舒适，宴会礼服则侧重于展现高贵、优雅。这些特征不随民族、地域的不同而改变。服饰美的共性突破了时间、地域等因素的限制，在服饰发展的过程中，一些著名的服装设计师（如加布里埃·香奈儿、克里斯汀·迪奥、伊夫·圣·洛朗等）的设计作品，得到了世界范围内的广泛推崇，虽历经时间的洗礼，仍不减其魅力。

（二）审美认识的个性与共性相互转化

服饰审美的个性具有向共性转化的可能。以创意设计在服饰中的体现为例，创意设计的前瞻性体现在它违背了人们原本的认知模式，刚出现时是不被理解和接受的，但随着长期不断的重复，人们会逐渐形成惯性，改变原有的认知模式并适应，创意设计也就失去了前瞻性。如最近大热的健身潮，健硕的肌肉、强壮的力量感、充满训练痕迹的身材在之前大都用来形容男士或者健美运动员，放在女性身上是不被理解和接纳的。服饰审美的共性也可能会影响个性。例如，在普遍追逐白幼瘦的审美情结下，部分人开始欣赏充满力量感和训练痕迹的身材，在这一发展过程中，服饰设计的形式也越来越偏向中性化、个性化发展。这一发展趋势唤起了人们对美的定义的重新探讨。

>>> 四、服饰美的交融性

服饰是文化的一种表现形式，具有某种文化的特征，文化的交融必然带来服饰艺术的交融。服饰美的交融性体现在时间上的交融性和空间上的交融性两个方面。

（一）服饰美在时间上的交融性

服饰美在时间上的交融性主要体现在对优秀传统文化的传承方面。服饰的发展具有时代性，服饰艺术的创作离不开传统艺术的影响。我国具有悠久的历史，历史给予我们的文化积淀是浑厚且深远的。虽然随着时间的流逝，优秀传统文化不可能被完全复制，但是它们往往为现代设计师提供灵感。如著名服装设计师皮尔·卡丹曾多次从古老的东方艺术中汲取灵感，创作了大量具有东方神秘气息的艺术作品。服饰美的历史交融是一个复杂的过程，其发展往往表现为古今中外各个审美流派之间的相互渗透和承继，这种承继往往能够给人耳目一新之感。服饰美在时间上交融的例子很多，如当代我国女性穿着的汉服、马面裙等，就是对中国古代传统服饰的继承和发展。

（二）服饰美在空间上的交融性

服饰美在空间上的交融性往往表现在不同地域、不同种族、不同国家之间关于服饰文化的传递，它们相互汲取灵感，相互模仿，同时这一过程也表现为东西方艺术的相互影响与交融。

关于服饰美的中外交融古已有之。公元前5—6世纪，中国的丝绸通过丝绸之路传入西方，着丝绸服饰曾是古罗马贵族们引以为豪的时尚。中国服饰也汲取了大量外来服饰的文化元素。自汉唐以来，中国服饰受波斯及西域文化的影响，出现了中亚、西亚流行的纹样和纺织工艺，如唐代的联珠狩猎纹就具有西亚的风格。又如战国时期赵武灵王的服饰改革，他命令军队穿胡服以便于作战，这是一次典型的服饰文化相互交流的例子。另外，清朝统治者在服饰制度上保留了很多明代服饰的元素，如十二章纹的使用、官服上补子纹样的继承等。

（三）服饰美具有时间和空间交融的双重性

当代社会，世界各国经济、文化广泛交流，服饰艺术的交融性更加明显。如中国的旗袍，由于能够很完美地体现出女性优美的身体曲线，为不少西方女性所喜爱；一些绘制有中国传统纹饰的服饰也往往是西方女性的首选。此外，西方的某些服饰元素也被我国服装设计师们采用，如"波西米亚风"的流行。互联网的发展为服饰文化的交流提供了良好的平台，最新的流行动态、流行色、款式等，几乎在同一时间就可以传达到世界各地。因此当代服饰的流行款式非常相似，流行服饰普遍地吸收了世界各国的服饰特点。这种融合不仅是形式上的兼并，也是文化上的融会贯通，是把服饰美与追求美的精神意蕴相结合，在其基础上进行创新，力求把人体美与服饰美的交融性发挥得更加淋漓尽致。

第三节　服饰的形式美法则的应用

人们在长期的实践活动中，通过认识美、感知美、创造美的过程，逐步形成了对各种美的元素的提炼、归纳、总结等。形式美及其法则，是人们长期以来在艺术实践中总结出来的。对于形式美的研究是服装设计中至关重要的一环，也是学习服饰形象设计的重要内容。

一、服饰与形式美

（一）形式美的含义与特征

形式美是指客观事物外在形式的美，是人们通过观察事物的外表得到的视觉感受。具体来说，形式美是通过有规律地组合各种形式元素(如色彩、线条等)所呈现出来的审美特性。形式美分为外在和内在两部分，外在形式是指事物的外表因素，如点、线、面等。在服装设计中，外在形式表现为服装的轮廓、色彩、面料、质感等。内在形式是指将以上元素按照一定的美的规律组合起来，即服装设计师通过设计、打版、制作、上色等过程呈现出来的作品。作品能完美地体现服装的结构，并在设计中融入了对称、主次、点缀等形式，内在形式又被称为造型艺术的形式美法则。

形式美的特征并不是固定不变的，而是随着外在条件的变化而变化的。例如，在日常生活中红色经常使人联想到红色的朝阳、燃烧的火苗、喜庆的节日等，久而久之，人们就认为红色代表热情、喜庆、活力；但在特定条件下红色也用来表达警示、危险、暴力等，比如交通信号灯的红灯、禁止吸烟的警示牌、道路上的禁行标志等。此外，形式美的特征被现代医学广泛应用于治疗精神类疾病。比如用红色等暖色调来治疗精神抑郁性疾病，用蓝绿色等冷色调来治疗躁郁性、癫狂类疾病；用舒缓、轻柔的旋律(如《天空之城》《梦中的婚礼》等)来治疗烦躁不安、心情紊乱，用热情奔放的曲调(如《保卫黄河》《歌唱祖国》等)治疗精神萎靡、抑郁。形式的组成元素在不同领域内能传达其特定的情感联想，表达其情感特征(见表2-1)。

表 2-1 形式组成元素与情感特征

形式组成元素		情 感 特 征
线	直线	坚硬、刚直、理性、男性化
	曲线	优雅、柔和、感性、女性化
	折线	律动、焦躁、不安
体	球体	完整、圆满、亲切
	立方体	协调、平和
	角锥体	安定、稳重
质	粗糙	厚重、朴实、原始
	光滑	精致、细腻、高贵

形式与内容是艺术作品的两个重要组成部分。艺术形式是指艺术作品中的构成要素及结构组成的方式，其审美价值是体现作品艺术性的重要标志。就服饰艺术而论，服饰的款式、配色、比例等就是它的外在艺术形式，主题、情感、性格等就是其表现内容。形式与内容的统一共同组成了服饰美，所以判断一件艺术作品的价值时，不仅要看其形式，还要看其内容，形式与内容完美统一的艺术作品才有其独特的视觉魅力与艺术价值。

（二）服饰上的形式美

在服装设计和服饰审美中，点的美、线的美、面的美共同构成了形式美的表现形态。点、线、面是相对于其他元素而言简单又抽象的元素，是设计师在长期的创作实践中形成的对服饰的构成规律及外形特点的抽象展现。这三种元素的运用，可以创造出无限的可能。

服装中的点、线、面

1. 点的形式美

点作为构成形式美的元素之一，与几何学里的点是有区别的。几何学里的点是线的开端或者组成线的元素，而在艺术学里，点有大小、虚实、形状、远近等的表达方式。就服装艺术来论，点是相对于服装的外轮廓而言的。通常，大点显得活泼、跳跃、有扩张感；小点显得文雅、恬静、有收缩感。

点的构成作用与点的形状、大小、位置、色彩、排列组合形式密切相关。一般情况下，点在中心区域时，能产生集中、对称、重量及紧张感；点在侧方时，会有不稳定、头重脚轻之感；点在空间的上下左右等距离排列时，会有平衡、匀称之感；点在某一方向上倾斜排列时，则会有倾斜与运动感；一定数量、大小不同的点有规律地排列时，会产生节奏感与韵律感；大小、虚实不同的点做渐变排列时，则会产生空间感和立体感。需要特别强调的是，点的重量感是人的主观感受，是指人在欣赏艺术作品时的直观心理反应，人们往往在这种感受中鉴赏艺术作品的审美价值。此外，在色彩方面，红色的重量感要比蓝色更强烈；黑色要比白色显得重。因此，在创作一幅艺术作品时，不仅需要在造型上，也需要在色彩上使其产生画面的平衡效果。另外，重量的平衡感还受到欣赏者的兴趣、爱好、期望等心理因素的影响，对非常感兴趣的元素，即使面积很小，也会显得很重。此外，孤立的物体会显现出超重感，比如天上出现的一轮圆月，要比有云朵或者星星陪伴时显得更重一些，这同样也是舞台艺术表现形式中，为了突出主角，常将其与众人分开的缘故。

服饰中存在着大量的点元素，如扣子、耳饰、发饰、面料的图案、分割线的交叉点等，甚至人体上的某些部位也参与服饰造型中点的构成，如嘴唇、关节、肌肉等。就人物形象设计专业而言，在面部化妆造型中，红唇作为点的元素就起到了画龙点睛的效果。以职业服饰中的空姐形象为例，在领口处的装饰中以领结作为点缀，更能体现亲和力和活力，符合空姐的职业形象特点；再加上一些精巧的配饰，如耳坠、袖扣等，会在整体的人物形象基调中显示出高雅、出众的品位。

2. 线的形式美

线的美又称为线条美，和点元素一样，线的美感也是人们在长期的艺术实践过程中形成的最基础的美学特征。假如单单从几何学方面分析，线可以看作是点的重复排列，也可以看作是面的交叉形成的重叠。线的美感在服饰形象设计中应用广泛、种类繁多，是较为活跃的应用形式之一。服装设计过程中需要用到大量的线，比如在设计初期的打版线、领口线、开袖线等；从服装的局部结构来看，有腰线、袖山线、大身轮廓线、下摆轮廓线等；在服装图案的组成上有装饰线、纹饰线、直线、曲线、折线等。这些线应用到服装设计上通常以组合的形式出现，比如横向折形开刀线。

服饰上的线具有不同的美感特征及情感表达。垂直线具有庄重、挺立、严峻的特征，水平线则使人感到平和、稳定、永久；斜线表达出动感、活泼、不稳定的特征，折线则代表规则、统治、不安；长线表达出持续、速度感，短线则给人停顿、刺激的感受；此外，曲线象征优雅、柔软、流畅。线的重复排列会形成面，这就是线的面化特征。这一特征又随着线的疏密、粗细、长短的变化有所不同。比如，在青铜器的饕餮纹饰中，可以看到象征权势和刚劲感的直线；在敦煌壁画飞天形象的衣纹中，可以看到曲线的柔美和流畅；在中国山水画中，可以看到线的疏密、粗细、浓淡的变化表现出来的坚毅力量。

曲线的形式美感被广泛应用于各类艺术作品中。古希腊雕像上的服装，通过自由流畅的曲线诉说着其优雅与高贵；中国的人物水墨画中，衣褶的曲线表达行云流水，传达出神秘的美感；人体线条中的曲线与比例的美感也被很多艺术家应用于艺术作品中。在服饰形象设计中，也有很多人通过柔软而具有弹性的面料或者线条的多样性表达来传达人体线条美感，例如，两线交叉的形式被应用到女性服装的收腰处，给人以视觉上的苗条感，体现出人体的修长、婀娜、优雅等特征。曲线的应用是女装设计的重要表现形式之一。

3. 面的形式美

线的运动轨迹或点的组合就形成了视觉上的面，面是线的封闭状态的体现，具有一定的面积，形成特定的形状。因此，面的美又被称为形的美。

从服装设计方面而言，可以把服装的各个面看作是平面和曲面的结合，最后的穿着效果则是自由曲面所构成的。例如，我国古代的褒衣博带、吴带当风、曹衣出水等，虽然服装剪裁结构上属于二维平面，但穿在人体上却显示出了其丰富的自由曲面形态。由面所构成的形，在服装上的运用非常丰富。比如，直线与方形的设计被广泛用于男装成衣的制作中，西装、中山装、衬衫等款式，多由直线与方形的面所构成，体现出理性、稳定、可信赖之感。圆形的面在女装设计中较为常见，如泡泡袖、裙子的下摆、萝卜裤等。另外，圆形的应用传达出圆满、团结、喜庆的感受，也经常用于婚嫁礼服的设计当中。在当代服装设计中，不规则的形状常常受到服装设计师的重视。为突出个性美，许多设计师把经典建筑的构成特点运用到服装设计当中，不对称的美感和不规则的几何拼接，给人以强烈、鲜明的视觉体验。

面作为形式构成元素，每一种形状都有与其对应的情感体现或性格，如正方形或矩形体现稳定和严肃，圆形代表丰满或轻快，三角形寓意刺激或引导，自由图形表示活泼、动感、生动等。人体是三维的和运动的，服装设计师最终要考虑人体的构成问题，人体运动时所产生的衣纹，可反映出服装动人、细腻的生命力。在突出华丽风格的服饰中，"光"被当作表现美的主要形式，亚光的棉质休闲装更能表达出随意洒脱、返璞归真的意趣。在服饰的橱窗设计中，光的应用也被看作非常重要的元素。

因此，只有点、线、面、形、色、体、质、光等元素相结合的服饰，才能构成服饰最终的形式美。图 2-1 展示了服装图案中的点、线、面。

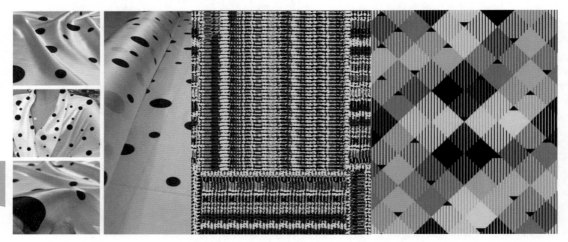

图 2-1　服装图案中的点、线、面

>>> 二、服饰的形式美法则

形式美法则，是人们在长期的艺术实践过程中对美的元素进行提炼、归纳、总结的结果。人们在创造服饰美的过程中，了解和认识了各种美的形式，并能根据这些美的形式进行继承与设计，同时还对各形式要素之间的构成特点不断进行探索和创新，从而研究出了各种形式要素之间的构成规律，这些美的规律被称为形式美法则。

服饰的形式美法则

（一）比例与和谐

比例是指形式对象内部各要素之间的数量关系。比如，几何形状的长宽比例、不同色块的面积比例、人体面部的五官比例、不同面料色阶跨度的比例等。

人体各部位之间的比例关系，可直接影响到人物整体形象。就人物面部比例关系而言，我们通常会提到"三庭五眼"的概念，"三庭"即面部的纵向比例，"五眼"即面部的横向比例。三庭之间间距大致相等，脸型的宽度恰好和五只眼睛的宽度相同时，是符合三庭五眼比例关系的，也就是所谓的"标准脸"。此外，苏州园林的窗格设计、古建筑形式、汉服衣纹样式等，都包含了中国古代哲学思想中"天圆地方"的概念，即1:1的比例，这种比例通过与其他艺术形式的结合，能显示出古拙、深厚的文化意蕴和精美的艺术风格。从我国古代人物水墨画中所谓的"立七、坐五、盘三半"，到当代服装效果图中的"九头身"等，都体现人物绘画领域中比例这一概念。

和谐作为美的属性之一，其形式和内容的表现能使观赏者在相对平静柔和的状态下获得美的艺术感受。在美学史上，毕达哥拉斯学派用数的和谐来解释宇宙的和谐，提出了"美是和谐与比例"的观点。著名的黄金分割律就是他们在探讨建筑与雕塑的数量比例关系时发现的，即根据黄金分割律绘制的矩形，其宽与长之比为1:1.618，此时这个矩形最美。同样，在服装色彩搭配中，合适的色彩的比例才能显得和谐。

服装的和谐主要表现为形式上构成要素的统一，如服装结构轮廓相近，面料、质感相近，色彩表现形式相近，以及图案构成方式相近等。此外，和谐是相对而言的，它是对比与统一相结合的概念，对比中有和谐，和谐中也存在着对比，和谐和对比是辩证统一的关系。

（二）对称与均衡

对称又被叫作对等，是形式美法则之一。对称是指事物(自然、社会或艺术作品)中相同或相近的形式要素之间，相称的组合关系所构成的绝对平衡。对称是均衡法则的特殊形式。对称可作为形式美法则，这是因为在大自然中，存在着很多对称的现象，如一片树叶、一片花瓣，甚至于很多动物(如蝴蝶、老虎、大象等)，这些对称的生命体形象长期刺激人类的视觉器官，形成了人们对对称概念的认识和了解。在平面设计中，对称是一种图形构成方式，通过线把画面分为两个部分，这两个部分在视觉上是绝对平衡的，这种按照既定的规律组合的对称构图要素之间差异性较小，所以通常情况下被视为平淡的和没有视觉冲击力的，比较适合表达稳重感、安静感、规则感等。另外，对称的构图方式更能突出中心，起到引导视线的作用，可以适用于广告设计或摄影技术中突出商品或者主题的表达。世界著名画家达·芬奇的作品《最后的晚餐》中，就运用了对称的构图方法突出了耶稣的中心地位。从天安门广场上的人民英雄纪念碑到故宫的古建筑群，无不采用对称的方法进行建造，如金水桥、宫殿内部设计、庭院布局等，都显示出了古代帝王至高无上的地位和中华文化深厚的历史底蕴，位于故宫中轴线旁的建筑也在这种对称的布局中作为重要的对象突显出来。

均衡又称为平衡，是指在艺术设计作品中，不同部分的造型要素之间既有对比又有统一的空间关系。就服装设计而言，不规则的设计常常被应用于现代服饰造型之中，虽然左右两边的元素完全不同，比如左边是轻型面料，却装饰有繁复的图案，右边是有质感的面料，但是色彩相对统一，装饰较为简单，但这种构成方式在视觉上也会产生平衡的感觉。再如著名的重力球实验中，虽然物体的大小和重量都不相同，但在同一高度抛下后却可以同时落地，这种现象就是均衡。其原理类似于物理学中的力矩平衡，在力矩平衡中，较重的物体靠近平衡中心，较轻的物体远离平衡中心，在整体上就会产生均衡的效果。均衡这一特征也常常应用于平面设计当中。

人们在长期的艺术实践过程中，会对不同的形状、大小、位置、图案等元素产生重量感的判断。比如，点这一元素聚集在一起时会比散开时显得更重一些；疏的线要比密的线感觉更轻一些；抽象的图案要比具象的图案显得更轻一些；高纯度的色彩要比低纯度的色彩显得更重一些；表面质感粗糙的面料要比光滑、细腻的面料更重一些；较大的结构元素要比较小的结构元素更重一些。在服装设计初期的打版阶段，这些服饰造型中的力学元素有着重要的构成意义。

在服装设计的初期，服装设计师就要严格按照力矩平衡的原理进行设计。均衡是在不对称、不规则的前提下打造视觉上的平衡感，它相对来说富有变化，形式多样。这个特征被广泛应用于追求个性、与众不同的现当代服装设计中。

均衡与对称有时会被混淆，但均衡并不是平均。均衡表现为一种合乎逻辑的比例关系；对称的稳定感特别强，能使服装具有庄重、大气的感觉。因此，对称的造型方法常用于工装、校服的设计当中，均衡这一形式常用于运动服、休闲服、童装的设计中。

（三）主次与点缀

主次是服装设计的形式美法则之一。在人物形象设计中，为了突出一种主要元素，往往把其他元素作为辅助来衬托主题。比如在面部妆容设计中，通常以眼睛作为主要装饰部位，那么就需要弱化唇色，在特定场合则需要突出唇部色彩而弱化面部其他部位。在成套的服饰设计造型或系列中，往往在色彩、块面结构及装饰上采用有主有次的构成方法，比如一种主色调、一种有质感的面料、一个主要装饰的部位等。如秀禾造型的服饰搭配中，以大面积的红色作为主色调，以白色作为次要色，再以浅绿色的饰品作为点缀色，它们共同构成了主、次、点和谐统一的主题。

通常情况下，如果一个事物中没有主次关系的区分，每个元素都表现出相同的特征，整体会显得过于杂乱，缺乏明确的主题。运用在服装设计作品中，各部分元素之间不宜完全等同，如首先确定主色调、主要使用的面料等，然后再根据主要部分的要素去确定次要部分及点缀要素的创作内容，从而起到深化、丰富主题的作用，表现出更深层次的内涵。主与次、辅助与衬托等表达形式在深化主题方面，起到烘托主题或画龙点睛的作用。主与次之间是相对而言的，有主才能有次，它们相互依存，共同构成完整的艺术作品。在服装设计中，只有主次关系分配得当，才能使作品的艺术魅力得到充分的展现和表达。

点缀是主次关系的一种特殊表达形式，在服饰搭配中运用得比较广泛。在点缀的构成形式中，点元素作为主要内容被突出出来，而在线与面占主要内容的作品中，点却只起到辅助的作用。如"鹤立鸡群""画龙点睛""万花丛中一点绿"等，都是主次要素的体现。一套平平无奇的西服套装，在领口处系上丝带，使视觉引导到人物面部，整体搭配就会增添生机和活力；一条色彩沉闷的连衣裙，搭配一条亮色系的腰带，更能凸显出腰部的婀娜多姿和线条美感，这就是点缀要素的应用效果。

（四）对比与差异

对比作为艺术作品的形式美法则之一，更能突出事物或作品的本质特征，可以更清晰地表达艺术作品的感染力与展现效果。在服装设计中，对比是指各要素之间完全相反的造型特点。对比包含外在形式上的对比与艺术内涵的对比两方面，艺术作品的外在表现形式与价值都通过对比展现出独有的特点与艺术性。艺术作品的商业价值往往在对比之后的稀有性上产生。因此，对比既是艺术作品中的一种客观存在方式，又是古今中外艺术家经常使用的一种表达手法。

艺术作品中的对比有很多，如善与恶、假与真、美与丑、勇敢与懦弱、欢乐与痛苦等。在服饰设计上也有对比关系的体现，如高贵与质朴、典雅与粗俗、成熟与幼稚、职业与休闲、古典与前卫等。形式的对比表达则更为抽象，如大小对比、虚实对比、浓淡对比、冷暖对比、质感对比、节奏对比、形态对比等。艺术的表现手法也是多种多样的，如虚与实、淡色与浓墨、写实与写意、抽象与具象、清晰与模糊、动态与静态、简洁与繁复、质朴与华丽、一览无余与曲径通幽等。

形式美作为服装设计的主要表达形式，广泛存在于各式各样的服饰形象设计中。服装设计作为产品设计的一个分支，是人类有目的、有意识的艺术实践活动，它受到设计观念的引导，并最终通过物质化的服装设计产品影响人们的生活。

第四节　中国传统服饰的审美特征及元素应用

随着社会的不断发展，服饰在材料、制作技术和表现形式上，都发生了重大的改变，服饰风格也经历了从秦汉时期的古朴、魏晋时期的风流、隋唐时期的华丽、宋元时期的雅致到明清时期的婉约的演变。

一、中国传统服饰的审美特征

中国传统服饰的审美观念起源于秦汉时期的礼乐文化。在原始社会，服饰的实用性特征较为突出，到夏商周时代，人们开始关注服饰面料上的区别，并且开始出现多种装饰纹样。春秋战国时期出现了刺绣装饰纹样等。此外，服饰的纹样还被赋予了象征性的社会意义，统治者对服饰的样式、颜色及纹样都加以规定，并通过服饰来区分不同阶层和社会地位。

（一）秦汉礼仪之美

秦汉时期的服饰整体上呈现一种凝重、典雅的风格，平民和贵族的服饰有着明显的区别。服饰的审美在贵族中表现得相对丰富，但普通百姓的服饰往往受到礼仪、法制等的限制。如农民的服装在西汉初期被限定为棉麻色，直到东汉末年才允许加入青绿色；商人被规定不能穿锦、绣、绮等面料的服装。汉代的上层阶级，大都以袍服为主，袍服起源于春秋战国时期的深衣。《礼记》中最早对深衣的记载是"古者深衣，盖有制度，以应规、矩、绳、权、衡"。袍服整体基本按照深衣式样剪裁而成，并有直裾袍和曲裾袍的区别。汉代使用较为广泛的样式是曲裾袍，其特点是后片衣襟加长并形成三角状，经过背后绕到前襟，再以宽腰带系于腰间遮住三角衽片的尾部。曲裾袍便于行走，并且女性的曲裾袍下摆还呈现出喇叭的样式，表现出更为强烈的形式美感。装饰性元素主要用于衣领、衣襟、袖口的边缘，也就是"衣作绣，锦为缘"的服饰形式美的展现方式。

秦汉时期的袍服兼具古拙和醇厚的审美特征，服装的美感与身体的美感息息相关。汉代的袍服没有上衣下裳的区分，男女均可穿，不具有明显的性别符号特征，主要以言行有度、怡然安乐的气韵表现自身的美感；对于衣服边缘的装饰，父母健在时可用彩色花纹，否则就只能用白色、黑色等装饰。此外，汉代服饰在面料和制作工艺方面都是非常精细的。在上层贵族的服饰中，锦绣的运用非常普遍。例如，马王堆一号出土的绢地"长寿绣"，就是在绢上用棕红、橄榄绿、紫灰、深绿等颜色的丝线，以锁绣针法绣出云纹、花鸟纹、植物纹等纹饰。此外，信期绣、乘云绣也是这一时期运用较为普遍的绣法。汉代锦绣工艺的发展直接影响着服饰的质感和美感。

（二）魏晋风流之美

魏晋南北朝时期，许多文人墨客通过其作品表现出来的潇洒不羁、放浪形骸反映了这个时代对社会制度的怀疑和对生活的热爱，在那个感悟人生的动荡年代里，服饰美展现着其独有的审美风格。

魏晋南北朝时期的服饰开始出现男女性别的区分，男子通常是宽衣大袖，并且形式多种多样。有的保留了汉代以来的深衣制，仍然穿着上下相连的袍服；有的则是上衣下裳的穿着方式，在襦衫之下着裙装；还有的是上衣下裤，用裤子搭配褶服、圆领袍服、翻领袍服等样式的上衣。在此期间，男子上衣下裤的穿法成为主流，与这个时期女子的穿衣方式逐渐区分开来。这一时期女子的服装以上简下丰的襦裙为主。通常情况下，女子上衣的设计比较短小，可束于裙中，装饰元素也相对简单。裙装的种类、长度和装饰都要比上身的襦衫复杂和精细，普通长裙的下摆可以是喇叭形，也可以是自然下垂的筒形，如果是高腰裙，则将腰线提至腰围之上，在裙上制作褶皱，以增强裙的视觉美。

在魏晋南北朝之前，裙装没有性别方面的区分，魏晋南北朝之后，裙装就明确成为女性的服饰，以传达女性的身体美和性格的柔美为主。此外，该时期只有少数民族或者下层劳动者才会穿窄袖的襦衫，以便于活动；上层贵族或者饱学之士的袍服的衣袖偏长，能在遮住双手的同时再多出来二三十厘米，形似长袖舞中的舞衣。

魏晋时期人们标榜文人名士，追求一种越名教而任自然、超出礼仪法度之外的风骨之美，如人物绘画中的《竹林七贤》（见图2-2)。人们偏爱的是清秀儒雅的生动气韵，通过服饰表现出自身不受儒家礼仪约束的内在精神面貌，因此，这一时期的人物造型出现了秀骨清像的审美观念，服饰也相应地出现了宽衣长袖的审美风格。

图2-2 《竹林七贤》

（三）隋唐华丽之美

隋唐是中国封建社会的鼎盛时期，服装得到了全面的发展。该时期的服装具有雍容华贵、色彩艳丽、纹饰多样、线条流畅的特点，引得文人墨客们用各种华丽辞藻去描述它。此外，服装的特点在画作中也得到了体现，周昉的《簪花仕女图》（见图2-3）描画了以透明纱衣蔽体、罩以轻衫，在庭院中散步、采花、扑蝶的女子形象，在穿越千年的历史长河中历久弥新，至今仍使人怦然心动。

唐朝初期，女子的着装风格以清新明丽为主要特征。裙装开始流行系至腋下的高腰、束胸、宽摆齐地的样式，下摆呈弧形，可展现出女性身体的曲线美。这一时期的裙装样式以贴身为主，并且上衣以短襦衫、窄袖为主要特征，所以呈现出来的风格以清新为主。唐代衣裙的造型经历了从窄小到宽松、肥大的演变过程，审美风格也从清新明丽过渡到雍容华贵，其雍容华贵不仅体现在裙裾上，上装的襦衫造型及配饰也起到了画龙点睛的作用。唐代出现了"半臂"这种富有创造力的上衣样式，它是一种短袖罩衣，有袖口平齐的，也有袖口加褶线边的，利用衣袖的长短和宽窄做了不同的样式，体现了审美风格的多样性变化。盛唐之后流行袒胸大袖襦衫，裙腰束至胸前，袖口宽大，有华丽的绣花边缘，呈现对襟样式，充分展现了女性身体的柔美和华贵。

图2-3 《簪花仕女图》

隋唐时期女子服饰的色彩特征是鲜明艳丽、富丽堂皇，而男子服饰的色彩仍受礼法的限制。黄色作为帝王专用色，被赋予了符号化特征。与此同时，唐代女子服饰的色彩之华丽是历代以来都较为少见的，各种高明度的粉、紫、黄、绿等颜色，都被广泛应用于服饰之中。在诸多色彩中，运用最多的是红色，其染料主要从石榴花中提取而成，因此，红裙又被称为石榴裙。此外，这一时期的服饰受少数民族服饰的影响，出现了汉服与胡服相交融的现象，两者互相影响，对不同的装饰元素进行借鉴、创造，推动了服饰审美的多元化发展。

唐代女装造型的整体风格呈现出自由开放、自然丰腴的审美取向。丰腴的体态是自然美和生命力的展现。这样开阔进取的审美观念在漫长的封建社会里并不多见，是与当时的社会和经济发展息息相关的。宽大的裙体、精致华丽的装饰、袒胸的大袖襦衫，展现了服饰美的自由、开放、多样。

（四）宋元淡雅之美

宋元时期，新的服饰审美文化逐渐形成。一种沿袭儒家思想，表现出文质彬彬的风格；另一种则崇尚自由、恬淡的道家美学。在儒家思想引导下的服饰呈现出方心曲领大袖的形制。宋代的方心曲领被做成了单独的项饰，直接套在外衣交领之上，形状为上圆下方，这也是云肩最初的样式。方心曲领的盛行与当时朝代逐渐兴盛的儒家理学思想相符合，因此成为一种象征性的文化符号。与其儒雅敦厚之风相反，这一时期隐士的服饰以随性自由为主，他们所穿的服装由粗布或麻布所制，颜色为麻布本色或白色，呈现出简单朴素的特点，他们通过这种服饰表达出内心对淡泊名利、随性自然生活的向往。除了麻布粗衣，道袍也为这一时期的文人所偏爱，它给人以恬淡自然之感。

这一时期，女子上衣的变革主要体现在褙子的出现和抹肚的流行。在隋唐时期褙子通常为形制短小的半袖，在宋代褙子演变为长袖款式，衣身通常及膝或靠下，腋下开胯，有装饰作用，腰间用锦带系上。褙子衣领通常是直领对襟，前襟没有绊纽，袖子有宽窄的区分，褙子内搭肚兜，下身裙裳也不再宽大飘逸，裙腰逐渐下降，与人体自然腰线相契合的裙装成为当时的流行风尚。女子服饰的色彩明度降低，上衣多用间色，如粉紫、浅绿、银灰等，裙装色彩比上衣鲜艳，有青、绿、蓝、黄等颜色。宋代女子服饰由曾经的丰腴之美转变为清瘦为美。

宋代之后，少数民族政权的建立影响了汉族服饰的发展，中国传统服饰的审美在不同民族文化的相互交融中得到了进一步发展。

（五）明清浪漫之美

明清时期，儒家美学思想开始慢慢消逝，一种伤春悲秋的感伤风渐起。补服是明清时期的官服，其形制是在袍服之上将一种绣有鸟兽纹饰的方形织物补缀于前胸后背，用以区分官阶和品级。明代补子主要出现在官员的常服中，主要由各级官员按照自身品级并根据规定样式自己定制；清代补服是非常重要的礼服，适用于大部分正式场合。明代官服禁止用黄色、紫色、玄色，通常按照官阶使用绯色、青色、绿色，补子以素色为主，底色多采用黑色，其上用金线绣鸟兽纹饰，四周没有饰边；清代补服为石青色的圆领、对襟、平袖外衣形式，前后各补缀一块绣有猛兽纹饰的补子。补服具有非常明显的象征性与符号化特征，是儒家正统美学的体现。补服有多种鸟兽纹样，每种纹样都对应一个官阶，有很强烈的象征性。在明代，一品到九品文官官服纹样分别为仙鹤、锦鸡、孔雀、云雁、白鹇、鹭鸶、紫鸳鸯、黄鹂、鹌鹑；武官官服上分别对应为狮子（一、二品）、虎（三品）、豹（四品）、熊（五品）、彪（六七品）、犀牛（八品）、海马（九品）。这种纹样除了作为装饰，也具有强烈的符号化功能。明代后期兴起的重商轻农的发展状态，导致了一种具有创新意识的奢靡浪漫之风，服装的质地上开始使用绸缎等高级面料，色彩上追求鲜艳华丽，奢靡之风尽显。

明代的女子服饰以月华裙为代表，是一种十幅裙幅的浅色画裙，腰间每褶用一色，轻描淡写，风动月华，由此而得名。清代则以凤尾马面裙为代表。清代以后，各种西方外来元素与本土元素相融合，传统元素与现代元素互相影响，形成了新的服饰审美风格，其服饰样式体现出中西交融的特点。

>>> 二、传统服饰元素在现代服饰中的应用与创新

现代服饰具有纷繁多样、复杂多变的特性。尤其是近年来，互联网的快速发展使人们日常生活的各个方面都发生了巨大变化，服饰文化的发展也受其影响经历着翻天覆地的变革。

（一）现代服饰中刺绣技法的应用

我国传统工艺中的刺绣之美是工匠精神的完美体现。刺绣在服装设计中是最常见的元素之一，其技法与阴阳五行理念相合。刺绣在色彩上以红、黄、蓝三色搭配金色为主，体现出华美绚丽的服饰风格。刺绣技法有平针、回针、锁边绣、网针绣、贴布绣等。刺绣呈现出来的独有的立体效果在中国服装史上是独一无二的。当前，我国的刺绣技术仍然在材质、图案、色彩上不断保持创新，织绣、钉珠、金银丝线的混合使用，使服饰中传统刺绣图案的表现更为丰富多彩。我国现代服饰的发展应该在与世界文化相结合的过程中打造本民族独有的特色品牌，并将刺绣工艺不断传承和发展下去。

（二）现代服饰中盘扣、盘花的应用

在现代服饰设计中，盘扣、盘花的应用屡见不鲜。传统服饰的盘扣、盘花都是由女工们一针一线刺绣而成的，或是手工织锦、染色的，由于制作工艺和自然条件的差异，每一件作品都有其独特的审美风格，具有很高的艺术价值和审美价值。传统的制作工艺和制作技术有着悠久的历史和研究价值，现代服饰设计并不是简单的元素的堆砌，而是应该在国际化的背景下开辟出一条稳健的道路，单纯地照搬传统元素已无法满足现代生活的需要。此外，人工智能的发展使多种文化并存，设计师除了把中国传统元素进行合理的利用，还应在中西合璧的领域进行优秀作品的尝试。现代服饰设计中刻意追求一种不圆满、不完整、不对称，盘扣、盘花也常被夸张、变形、分解，这种天马行空的设计方式，是当前设计偏爱的个性化需求的体现。这种不走寻常路的设计方式也是中国盘扣、盘花在当代社会创新形式的体现。

（三）现代服饰中传统色彩元素的应用

对于现代服饰设计而言，传统文化中色彩元素的应用有着至关重要的地位。传统色彩一般有红、黄、青、黑、白等。红色作为中国文化中最具有代表性的颜色，象征着吉祥和喜庆，自古以来都是婚嫁喜事、逢年过节的常用色，用以表达人们对美好生活的向往；青花瓷中青色和白色的搭配将中国服饰之美表达得淋漓尽致；中国传统水墨画中的黑、白两

色中蕴含"墨韵之美",通过色彩的浓淡勾勒出水墨山水的磅礴大气与悠远意境。对于服装设计而言,设计师可将传统色彩与传统图案的结合应用到服装设计中,如将红色和剪纸艺术相结合、将黑白色与水墨画图案相结合、将青色与青铜器纹饰相结合等。

服饰文化既不能脱离时代性,也不能与世界文化发展趋势相悖,只有在保护与传承的基础上,不断地创新和变化,才能使其保持鲜活的生命力。为了适应时代的需求,服装设计师不断改变款式与设计,于是就有了时尚与流行的产生,时装周也由此形成。著名的有巴黎时装周、米兰时装周、纽约时装周、伦敦时装周等。巴黎时装周展出的服饰更偏向艺术性;米兰时装周隶属于意大利,更注重展现本领域的服装品牌和设计,如 Gucci、Armani、Versace、Prada 等,使之成为世界潮流。同时,在世界范围内的时装周秀场上,中国服饰也以自己独有的中国元素设计站上巴黎时装周和米兰时装周的舞台。

思 考 题

1. 服饰美学的共性与个性是什么?
2. 以传统图案为例,谈谈服饰中点、线、面的运用。
3. 服饰的形式美法则是什么? 举例说明。
4. 假如你是服装设计师,谈谈现代服饰如何对传统元素进行继承和发扬。

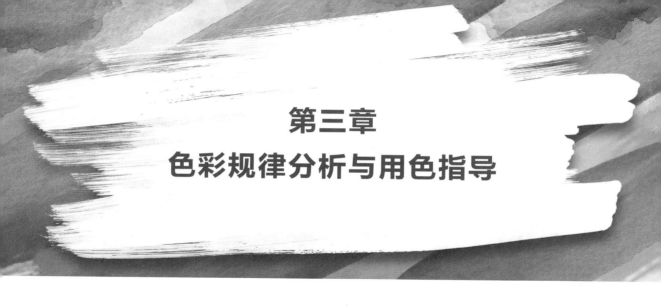

第三章
色彩规律分析与用色指导

　　服饰色彩是服饰的视觉重点，有着"先色夺人"的重要地位，也是服饰形象设计的重要组成部分。在日常生活中我们会发现，同样一件衣服，穿在不同人的身上，效果迥然不同。例如一件蓝色上衣，有的人穿上显得时尚、活泼、酷飒，然而有些人穿上却显得沉闷、不协调、气色不好。可见，每个人都有适合自己的色彩，只有选对服装色彩，才能呈现健康、自信的形象；否则服装色彩与人自身不协调，即使服装款式时尚、面料新颖，也会显得气色不佳、无精打采，人的气质便会"一落千丈"。

　　20 世纪 80 年代，美国色彩大师卡洛尔·杰克逊女士经过长期的色彩实验，创立了"四季色彩理论"体系，首次将人体色彩与服饰用色相对接，进行了科学的分析、分类，并据此找到了相应的服饰化妆用色规律。本章从色彩学基础知识展开，深入学习人体色特征、四季色彩理论体系、服饰色彩搭配规律等内容。通过服装色彩的运用，设计出着装者外在的美好形象，反映着装者内在的修养和气质。

第一节　　色彩基础理论

光与色

▶▶▶ 一、光与色

　　光与色是并存的，人凭借光来识别大千世界中物体的色彩与形状，没有光就没有色彩感觉。那么，光到底是什么呢？

（一）光的特征

　　光是一种电磁波，包括伽马射线、X 射线、紫外线、可视光线、红外线、电波等。光以波动的形式传播，各自具有不同的振幅和波长。在电磁波中，人类眼睛所能看到的电磁波的波长范围为 380～780 nm，这段波长的电磁波叫可视光线，如图 3-1 所示。波长小于

380 nm 的电磁波依次为紫外线、X 射线、伽马射线，波长大于 780 nm 的电磁波依次为红外线、无线电、交流电等。

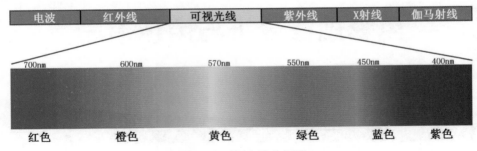

图 3-1　可视光线分解图

（二）日光的特征

日光是可视光，由不同波长的电磁波复合而成。1666 年，物理学家艾萨克·牛顿使用三棱镜将日光分解为红、橙、黄、绿、青、蓝、紫七种光线，如图 3-2 所示。这七色光无法再单独分解，叫单色光，日光是这七色光的复合，称复合光。

（三）光的传播

光以波动的形式进行直线传播，具有波长和振幅两种属性。波长不同的光会产生不同的色相，振幅强弱决定同一色相的明暗程度。同一波长的可视光线，振幅越大，色彩的明度越高；振幅越小，色彩的明度越低。

光经过传播进入人的眼睛的方式有多种，包括直射、反射、透射、漫射、折射。

（四）色彩识别

色彩的产生有三个要素，即光、物体、人的视觉器官 (见图 3-3)。物体本身不发光，人眼之所以能够看到物体的颜色，是因为光投射到物体上，经物体的吸收、反射，反映到视觉中，形成光色感觉。科学研究表明，人类的眼睛能够辨认出 750 万～1000 万种颜色，78% 的外界信息由视觉器官输入大脑，因此视觉器官对于人类感知物体的形状、色彩等起到了非常重要的作用。

图 3-2　三棱镜分解日光图

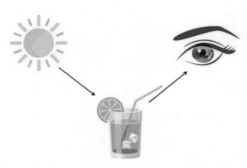

图 3-3　光、物体、视觉器官

1. 人类眼睛的构造

人的眼睛外形呈球状，因此称为眼球。眼球主要包括角膜、水晶体、虹膜与视网膜等，如图3-4所示，其结构类似于相机。

（1）角膜。角膜俗称眼白，光从眼白折射进入眼球成像。

（2）水晶体。水晶体类似相机的透镜，起到调节焦距的作用。光通过水晶体的折射，传输给视网膜。

（3）虹膜。虹膜类似相机中的光圈，能够随光线的变化控制瞳孔的大小，光线强时瞳孔小，光线弱时瞳孔大。

（4）视网膜。在眼球内侧，视网膜类似胶卷，是一个复杂的神经中心，像接收器一样感受物体的色彩与形状，物体在视网膜上的成像是倒立的。

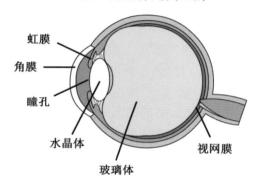

图3-4　眼睛构造图

2. 视觉过程

所有到达视网膜上的光线是经过一定的处理，才由视神经传输给大脑而产生视觉的。在视网膜中，有着可以感觉到红色、绿色、蓝色的视神经细胞，这些细胞被称作水状体。其他的只可以感觉到明暗的细胞，以固状体的形式存在。事物的色彩和亮度是可见光中波长不同的电磁波给我们带来的感觉。波长长的光线被感红的视神经细胞所捕捉，中波长的光线被感绿的视神经细胞所捕捉，而短波长的光线被感蓝的视神经细胞所捕捉。在光线充足的地方，约有650万个水状体在工作，从而感应色彩。在光线暗淡的地方，约有1.2亿个固状体在工作，它们仅仅反映事物的明暗效果，所以在昏暗的地方很难辨认出颜色。

>>> 二、色彩的属性

（一）色彩的三要素

无论是服装色彩还是人体肤色等，所有的色彩都具有三个基本属性——色相、明度、纯度，被称为色彩三要素。光的波长决定色相，光

色彩三属性

的强度决定明度，光的波长、饱和度决定纯度。因此，三个要素中任意一个要素的改变都将改变原来色彩的面貌。自然界存在的所有颜色都可以从色相、明度、纯度三个方面分析，理解并掌握色彩三要素，对分辨色彩、运用色彩和搭配色彩极为重要。

1. 色相

色相即色彩相貌，与明度、纯度无关，它是区分色彩的最大特征，如红色、黄色、蓝色、绿色、紫色等（见图3-5）。色相由光的波长决定，红色相的波长最长，为658～780 nm，紫色相的波长最短，为380～431 nm，橙色相的波长为600～658 nm，黄色相的波长为567～600 nm，绿色相的波长适中，为524～567 nm等。将色相按波长进行循环排列，就形成了色相环，常使用的色相环有12色、24色、40色等。

图3-5　色相图

2. 明度

明度是指色彩的明亮程度，又称为深浅、光度，由色彩光波的振幅决定。振幅的大小决定了色彩明暗的强弱。色彩学上以黑色、白色的差级作为明度的参考依据，如美国蒙赛尔色彩体系将黑白划分为11个等级，白色为10级，明度最高，黑色为0级，明度最低。在等级中比较明亮的称为高明度，比较暗的称为低明度，介于中间的称为中明度，如图3-6所示。有彩色中黄色的明度最高，紫色的明度最低，红色、绿色的明度适中。

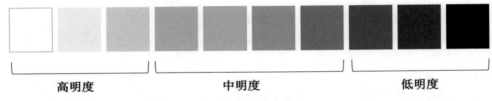

高明度　　　　**中明度**　　　　**低明度**

图3-6　明度变化

3. 纯度

纯度是指色彩中包含色相的程度，即色彩的纯净程度，又称为饱和度、彩度、鲜艳度等。色彩的纯净程度越高，说明纯度越高，反之则纯度越低。当一种色彩中混合了黑色、白色或其他颜色时，纯度就会发生变化。纯度分为高纯度、中纯度和低纯度，如图3-7所示。

高纯度　　　**中纯度**　　　**低纯度**　　　**无纯度**

图3-7　纯度变化

（二）色调

色调是指色彩面貌的基本倾向与重要特征，如常说的冷色调、暖色调，就是以色彩的冷暖进行划分的。除此之外，色调可按色彩三要素进行划分，具体如下。

(1) 按色相划分：红色调、橙色调、黄色调、绿色调、蓝色调、紫色调等。

(2) 按明度划分：浅色调、亮色调、暗色调、浅灰色调、深灰色调等。

(3) 按纯度划分：淡色调、浊色调、艳色调等。

（三）色彩的三原色

无法用其他色彩混合而成的色彩叫原色，原色分为色光三原色和颜料三原色 (或色料三原色)，如图 3-8 所示。

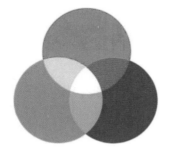 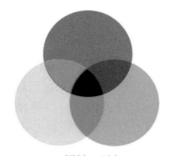

(a) 色光三原色   (b) 颜料三原色

图 3-8   色光三原色与颜料三原色

色光三原色为红 (Red)、绿 (Green)、蓝 (Blue)，混合后变成白色光，称为加色混合，即色光的混合。蓝光混合红光得品红，红光混合绿光得黄色，绿光混合蓝光得青色。当多种色光不断混合增加，色光的明度也会逐渐增加，当所有色光全部混合在一起时，明度最强，呈现白色，即色光三原色红、绿、蓝混合相加后得到白光。色光三原色两两混合得到的颜色叫间色，再用色光三原色与三间色依次混合相加，得到第二次间色，以此类推，色光不断混合相加，可以得到近似光谱的色环。

颜料三原色为品红 (Magenta)、柠檬黄 (Yellow)、青色 (Cyan)，混合后变成黑色，称为减色混合 (见图 3-9)。不同色相的颜料混合得越多，色彩的纯度和明度越低，颜料的色彩呈现黑灰色，因此颜料三原色的混合模式是减色模式。颜料三原色品红、柠檬黄、青色混合可得：

$$品红 + 柠檬黄 + 青色 = 黑色$$

$$品红 + 柠檬黄 = 红色$$

$$品红 + 青色 = 蓝色$$

$$柠檬黄 + 青色 = 绿色$$

与色光三原色混合同理，颜料三原色混合后也可以得到一种色彩。颜料三原色之间混合得到的色彩，叫三间色，又叫二次色 (见图 3-9)。间色再次与原色相混合，得到新的混合色，叫复色或三次色，以此类推，就可以得到二次复色、三次复色等。印刷品、油画颜料、广告颜料、蜡笔、涂料等着色的时候都是依据减色混合的原理进行混色的，就是通过反射光表现色彩。

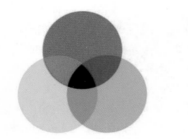

(a) 三原色：品红、柠檬黄、青色　　(b) 三间色：红色、蓝色、绿色

图 3-9　三原色与三间色

为了方便认识、研究和应用成千上万种色彩，人们依据其不同的属性和特征，将色彩按照一定的规律和秩序进行组合排列并加以命名，这被称为色彩体系。色彩体系对于色彩学习的系统化、科学化、标准化以及实际应用具有重要价值。

（一）无彩色系与有彩色系

1. 无彩色系

黑色、白色及黑白两种颜色以不同比例混合而成的深浅不一的灰色合称为无彩色系（见图 3-10）。

无彩色只有明度属性，不具备色相和纯度属性。越接近白色，明度越高；越接近黑色，明度越低。

2. 有彩色系

除黑白灰外的色谱中的各种色彩，如红、橙、黄、绿、蓝、紫等众多色彩，以及各色彩相互混合而形成的所有颜色，包括与黑白灰所混合产生的所有色彩，均属于有彩色系（见图 3-11）。有彩色具有色彩的三要素——色相、明度、纯度。

图 3-10　无彩色系　　　　　　　　　　　图 3-11　有彩色系

除了无彩色和有彩色，在服装色彩搭配中还有一类常见的无法用颜料调配的色彩，即特殊色，具体包括金属色、大地色、荧光色等。

（二）色环与色立体

1. 色环

色环是指不同色彩首尾相接形成的一个圆形环 (见图 3-12)。牛顿将太阳光分解后的光带首尾相接，形成一个圆形环，并将圆分成 6 等份，分别填入红、橙、黄、绿、青、紫 6 色，该圆形环称为 6 色色环。在 6 色色环的基础上，又发展出 12 色色环、20 色色环，24 色色环、40 色色环、100 色色环等等。色环上色彩有序排列，其重点是展示色彩的色相，因此又叫色相环。色相环使色彩的呈现、应用与搭配更为便利，是形象设计师必须掌握的重要色彩知识。

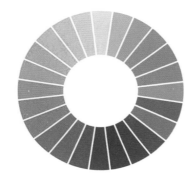

图 3-12　色环

2. 色立体

色环是单独表示色相的平面圆环，无法同时呈现色彩的三要素，即无法显示色相、明度和纯度之间的关系。色立体是三维的，优点是能同时呈现色彩的色相、明度、纯度特征 (见图 3-13)。

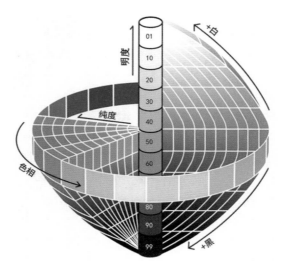

图 3-13　色立体

色立体的结构原理类似立体的十字象限空间。竖轴为明度轴，上端为白色，是高明度的浅色系，下端为黑色，是低明度的深色系，中间是 50% 的中性灰，即中明度。与竖轴垂直的是横轴，表示纯度，外围是纯色及纯色加黑或加白而形成的清色系，内部是纯色加灰而形成的浊色系。色立体一般各有不同，但基本上都建立在这种原理的基础上。常用的色立体有蒙赛尔色立体、奥斯特瓦尔德色立体、日色研色立体。

（三）三大国际色彩体系

1. 蒙赛尔色彩体系

蒙赛尔 (A. H. Munsell，1858—1918) 是美国的色彩学家。蒙赛尔色彩体系是基于色彩的三要素 (色相、明度、纯度)，并结合色彩视觉心理因素而设计出的色彩体系 (见图 3-14)。经过多年的科学测试和修订完善，蒙赛尔色彩表述法被研究得最为彻底，用得最为普遍。蒙赛尔色相环由红 (R)、黄 (Y)、绿 (G)、蓝 (B)、紫 (P)5 个基本色相组成，特点是色相环直径两端的一对色相构成互补色关系。

蒙赛尔色立体的竖轴即中心轴，是明度轴，自上而下分别是白、灰、黑，这是有彩色系的明度指标。明度分为 11 级，白为 10 级，黑为 0 级，中间 1～9 级是明度等分的灰色。蒙赛尔色立体的横轴是纯度轴，纯度轴分为若干等级，中心轴纯度为 0，越向轴心外延伸，纯度越高。

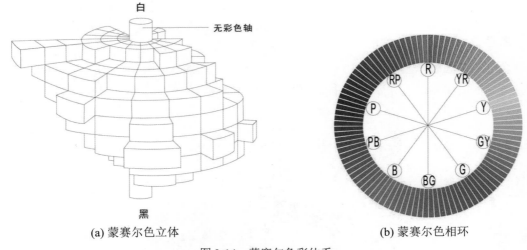

(a) 蒙赛尔色立体　　　　　　　　　　　　　(b) 蒙赛尔色相环

图 3-14　蒙赛尔色彩体系

2. 奥斯特瓦尔德色彩体系

奥斯特瓦尔德 (W. Ostwald，1853—1932) 是德国物理化学家，1909 年获诺贝尔化学奖，1921 年出版了《奥斯特瓦尔德色谱》。他还创立了奥斯特瓦尔德色立体，简称奥氏色立体 (见图 3-15)。

奥氏色相环由 24 个色相组成，色相环直径两端的色相互为补色。奥氏色立体的中心轴同样是明度轴，明度定为 8 个等级，分别用字母 a、c、e、g、i、l、n、p 表示。字母 a 的含白量最多，含黑量最少，字母 p 则反之。以明度轴为轴心，将等色相面的色三角旋转 360°，即构成色相环水平放置而外形为规则的复圆锥体状的奥斯特瓦尔德色立体。

服饰形象设计

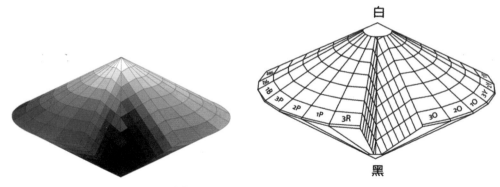

图 3-15 奥斯特瓦尔德色立体

3. 日本色研配色体系

日本色研配色体系 (PCCS) 是日本色彩研究所在 1964 年研发并制定的色彩体系。PCCS是服装色彩搭配和形象设计师色彩搭配的常用色调图。纵轴代表明度，从最上方的高明度一直到最下方的低明度；横轴代表纯度，从左边的低纯度一直到最右边的高纯度。PCCS由 12 个色调环组成，依次为淡色调、浅灰色调、灰色调、暗灰色调、浅色调、柔色调、浊色调、暗色调、亮色调、强色调、深色调和原色调，如图 3-16 所示。

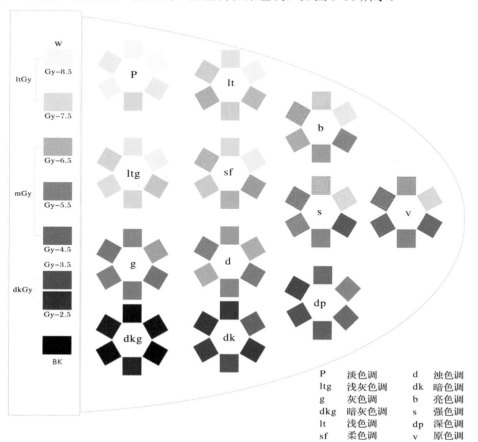

P	淡色调	d	浊色调
ltg	浅灰色调	dk	暗色调
g	灰色调	b	亮色调
dkg	暗灰色调	s	强色调
lt	浅色调	dp	深色调
sf	柔色调	v	原色调

图 3-16 PCCS

无论是建筑色彩、服装色彩，还是大自然中的色彩，都会引起人的大脑产生不同反应，这就是色彩的视觉心理。在色彩搭配、色彩运用中，形象设计师要依据色彩的视觉心理特性，正确、合理地表达设计意图。

当人的视觉器官感受到不同波长的色光时，视网膜会受到刺激，同时眼部细胞把所感受到的光信息通过视觉神经传入大脑，大脑对接收到的信息进行处理，并与以往的经验、意识产生联系，得出结论。因此，人在观看一种色彩时，不仅会出现生理反应，也会引起情感等心理反应，这就是色彩的视觉心理过程。服装色彩的视觉心理感受与人的情感、色彩认识、社会环境与社会心理及个人的心理特征紧密相关。因此，当观察者所处环境和其心理品质不同时，其对服装色彩的情感反应也不相同，即使是同样的服装色彩，观察者也会产生不同的心理反应。服装色彩所引发的心理联想十分复杂，在服装色彩搭配中，设计师可以从普遍共识方面入手，设计搭配时要遵循服装色彩心理情感发生与发展的基本规律。

对于服装色彩的视觉心理，在色彩学中可从以下几方面进行探讨。

（一）色彩的固有感情

色彩的固有感情又被称为人的视觉功能感受，即大多数人共同拥有的色彩心理反应，其具有普遍性，主要表现在色彩的冷与暖、轻与重、兴奋与沉静、华丽与质朴四个方面。

1. 色彩的冷与暖

色彩能够引起人对冷暖感觉的心理联想（见图3-17）。例如，红色、黄色、橙色使人想到火焰、热血、太阳，带有暖倾向；蓝色、青色使人想到水、冰、天空，带有冷倾向；绿色与紫色的冷暖倾向不明显，处于不冷不暖的中性阶段。色彩心理学中把具有暖倾向的色相称为暖色，具有冷倾向的色相称为冷色。橙色被认为是极暖色，青色被认为是极冷色。此外，色彩的冷暖还体现在同一色相上，如大红色、玫红色都属于红色相，是暖色，但两者对比，大红色的暖感更强，玫红色更偏冷，这是因为玫红色是在正红色的基础上加入蓝色调和而成的。再如绿色中加入黄色，会形成具有暖倾向的草绿色，蓝色中加入黄色调和成的蓝绿色也更偏暖。正如伊顿所说，色的冷暖主要是色相的偏差引起的，一个正色可能是中性的，而它有了某种倾向时，则使人产生冷暖之感觉。

图3-17 麦穗与大海

2. 色彩的轻与重

同样的物体会因色彩不同而产生轻重差别。例如，白色的云给人的感受是轻飘飘的，随风飘动，而黑灰色的乌云则给人压迫感、重量感。同样地，不同色彩的产品包装也会使人产生不同的轻重感觉，如图 3-18 所示。心理上产生轻重感觉的原因主要是色彩明度的不同。明度高的色彩有轻盈感，明度低的色彩有沉重感。对于服装来说，上白下黑有稳重感、严肃感，上黑下白则有轻盈感、敏捷感、灵活感。

图 3-18　产品包装

3. 色彩的兴奋与沉静

色彩的兴奋感与沉静感和色相、明度、纯度有关系，尤其受到纯度的影响最大。纯度越高的色彩易给人鲜明、时尚、激情、锐利的心理感受，会使人产生兴奋感；纯度越低的色彩易给人沉静感，如加入偏黑的颜色会给人成熟、沉重的力量感，加入偏白的颜色则给人稚嫩、安静感。如图 3-19 所示，不同颜色的气球带给人不同的感受。

图 3-19　明亮兴奋感气球与安静柔和感气球

4. 色彩的华丽与质朴

色彩带来的华丽感与质朴感受纯度、明度、色相的影响。具体而言，红、紫红、绿倾向于呈现华丽感，黄绿、黄、橙、青紫倾向于呈现质朴感，其他颜色则呈现中性特质。色彩表现得艳丽、明亮时，会给人华丽感。若色彩显得素雅、浑浊，则更易传达出质朴感，如加入浅灰的色彩，会给人温和雅致、成熟有格调的感觉，加入深灰色的浊色，会给人古朴沧桑、稳重高贵的感觉。此外，色彩的华丽、质朴与色彩的对比度、光泽度有很大关系，如色彩对比强时具有华丽感，色彩对比弱时呈现质朴感，亮光的色彩显得华丽，亚光的色彩显得质朴。如图 3-20 所示，金色包给人华丽感，银色包给人质朴感。

图 3-20　金色包与银色包

（二）色彩的联想

色彩产生的视觉心理，除上述功能性的固有感情外，还有情绪性的表现感情，即色彩的联想。色彩联想会受到民族文化、社会环境的影响，也会受到自身知识、经验、记忆的影响，还会受到性别、年龄、性格、职业等的影响。一种色彩可以使人联想到多种事物，可能引发人情绪的波动。因此，在色彩搭配、形象设计时，设计者必须有意识地赋予色彩明确的表达，必须深入洞察人对色彩的喜恶，必须正确掌握色彩文化。

红色（见图 3-21）的波长最长，穿透力强，充满激情和力量，因此更容易被人感知。红色容易使人联想到鲜花、火焰、太阳、血等物象，具有温暖、热情、兴奋、生命力、幸福等积极意义。在中国传统文化中，红色是喜庆色，热烈而温暖。低明度的深红色沉稳又庄重；高明度的粉红色柔美又梦幻。在中国文化中，红色也象征着勇气、正能量、希望和前进等，用于展现一些特定的文化精神与企业形象。同时，红色也具有警示之意，常用于交通信号灯的禁止通行信号，或防火、危险、警告等标志中。此外，红色还有暴力、冲突之意，能引发紧张、不安、愤怒和冲突。

图 3-21　红色

橙色是极暖色相，融合了红色和黄色，是最温暖的颜色 (见图 3-22)。橙色的物象有橙子、枫叶、落日余晖等，象征着果实的成熟、家庭的温暖幸福等，使人联想到辉煌、华丽、温暖、跃动等。高纯度的橙色富有活力和创造力，更能吸引目光；加了灰色的橙色，更具有亲和力，可用在时尚职场；高明度的浅橙色温暖甜美，多用于儿童的服装中。除此之外，橙色也有嫉妒、狡诈等消极情绪。橙色因为明度较高，因此在工业中常作为警示色使用，如用于救生物品、登山服、警戒带、反光锥等。

图 3-22　橙色

黄色是所有有彩色中明度最高的颜色 (见图 3-23)。黄色使人联想到向日葵、月亮、花朵、阳光等物象，象征着光明、光辉、活泼、活力。高纯度的黄色是时尚色，但也因过于明亮而引起不安和炫目感；高明度的淡黄色柔和、平淡、轻柔、温暖，常用在婴幼儿服装和床上纺织品中；含有大量灰色的黄色，使人心情放松，更适合休闲场合；低明度的黄色成熟、庄严。黄色也是具有创造力和想象力的颜色，可作为活力色或者时尚色搭配其他较沉闷的颜色，能够带来愉悦和有活力的感觉。此外，黄色由于明亮而刺眼，常被用作警示色，如黄色的交通灯、灯牌和大型机器的颜色灯，用于提醒或警示。

图 3-23　黄色

绿色的波长适中，给人以舒适的感觉，有着舒缓和治愈的效果（见图3-24）。绿色的物象有森林、草木等，绿色象征着大自然、生命力、环保、和平和健康。绿色和其他颜色搭配时，有种生机勃勃、清爽自然的感觉。深绿色稳重、睿智；黄绿色年轻、有生机；含灰的绿色（如墨绿、橄榄绿）知性、成熟。在设计中，绿色常用于表达和平、生长、清爽、希望之意，常用于服务业、公益事业、医疗机构等的室内色彩或者标志标识。

图 3-24　绿色

蓝色是典型的冷色系色彩，给人冷静、睿智、理性的感觉（见图3-25），可以舒缓紧张和焦虑情绪，带来平静和放松。与蓝色相关的物象有天空、大海以及变幻莫测的宇宙。高明度的浅蓝色显得年轻、有朝气；深蓝色成熟稳重，显示着权威与信赖；藏青色深邃稳重、典雅端庄；靛蓝色、普蓝色等蓝色系是许多手工工艺品的常用色，神秘且富有文化特征。在设计中，蓝色带来理性、平静、严肃的心理感受，因此常用在电子行业、汽车行业、新兴科技行业、医药、机械等场景的设计中。

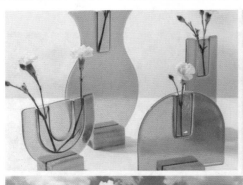

图 3-25　蓝色

紫色在可见光中波长最短，在自然界中较少见到，有高贵、神秘之感（见图 3-26)。紫色物象有紫罗兰、紫丁香等一系列美丽的花朵。紫色有强烈的女性化特征，因此在设计中也多用于和女性相关的产品或主题中，可以表达优美、高贵和神秘感。

图 3-26　紫色

色彩的联想并非只发生在色相环的纯色相上，实际上，一切色彩都能唤起人的不同情感联想。

常见的色调所引起的联想举例如表 3-1 所示。

表 3-1　色调的联想

色　调	联　想	
	氛　围	颜色（以红色相为例）
艳色调	兴奋、年轻、华丽、时尚、鲜艳、激情	纯色调　　　强色调
亮色调	年轻、明快、开朗、活泼、愉悦、清澈	明色调
淡色调	清爽、淡雅、安定、清新、轻柔、温柔	淡色调　　　浅色调

色调	联想	
	氛围	颜色（以红色相为例）
淡浊色调	简洁、知性、成熟、雅致、有格调	浅灰色调　柔色调
浊色调	素雅、浑浊、质朴、稳重、沧桑、高贵	灰色调　浊色调
暗色调	高贵、成熟、深邃、稳重、有力量	暗灰色调　暗色调　深色调

第二节　人体色与服装用色

　　面对成千上万的服装色彩，如何科学地分析、确定色彩与人的适用度呢？这需要形象设计师掌握服装色彩与人体色彩（即人体色）之间的奥秘与规律，并加以实践。

　　在生活中有一个有趣的现象，同一件衣服，不同人穿着，效果却大相径庭。如一件宝蓝色的风衣，有的人穿上十分时尚、有活力，而有些人穿上却显得非常土气、无精打采。其实每个人都有自己的专属色彩，选对颜色，精神焕发，选错颜色，暗淡憔悴。因此，科学地鉴定人体色、准确地匹配服装色彩，是塑造美好形象的关键，是形象设计师的必修课。

　　在形象设计中，服装色彩与化妆色彩是影响人物形象好坏的重要因素，每个颜色都具有明确的三要素，即色相、明度、纯度。其实，人体也是有色彩的，每个人的肤色、发色、眼睛色等都有所不同（见图3-27），并且都有相对应的色相、明度和纯度。因此，要科学地确定服装色彩对人的适合程度，首先需要全面分析人体色的三要素（色相、明度、纯度），在色彩维度对人作出准确的定位，其次需要依照定位匹配个人的服装色彩、化妆色彩和染发色彩。

　　原则上讲，如果服装色彩的三要素与人体色的三要素匹配，具有明显的共性特征，即服装色彩与人体色的色相、明度、纯度都吻合，就可以判定这个服装色彩是适合的。若三要素中只有两个方面具有共同特征，那么服装色彩对人的适用度就会降低。如果三要素都不匹配，均没有共性，那么这个服装色彩就是不适合的。

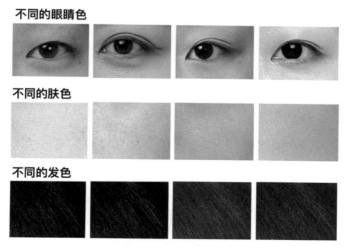

不同的眼睛色

不同的肤色

不同的发色

图 3-27　不同的人体色

>>> 一、认识人体色

认识人体色

人与大自然万物一样都是有颜色的，如黄种人、白种人、黑种人的肤色、发色、眼睛色都是不同的。对于黑皮肤的非洲人，纯正、鲜艳的色彩更能凸显其鲜明个性；对于白皮肤的欧洲人，柔和、灰调的色彩更显浪漫。黄种人的人体色特征是黄皮肤、黑头发、黑眼睛，但仔细观察生活中的每个人，就会发现每个人的皮肤、毛发、眼睛等人体色特征是不同的，所以即使是同一人种，在服装色彩的选择上也有着明显的差异。

掌握人体色特征是正确指导个人服装用色、配色的重要依据和原则。人体色包括肤色、发色、唇色、瞳孔色、眼白色、红晕色等。人体色是与生俱来的，正常情况下它与人的血型一样恒定不变，伴随人的一生。也就是说，人体色通常不会随着瑕疵、衰老而改变，除非发生病变。

在人体色当中，肤色占比约 70%，因此肤色是判断服装色彩是否合适的重要依据。每个人的肤色都不相同，但都有一个基调，有些服装色彩与肤色基调吻合，可淡化面部瑕疵，起到轻微磨皮效果，而有的却使肤色变得黯淡无光泽。因此，肤色不同，适用的色彩也不相同。如果想要找到适合自己的服装色彩，就要先找准自身肤色的基调。那么人体肤色由哪些因素决定呢？

每个人与生俱来的肤色是由体内基因中的色素决定的。人体基因中的色素有三种，分别是血红色素（呈现红色）、核黄色素（呈现黄色）、黑色素（呈现茶色）。每个人的人体色特征都不相同，这是因为三种色素在人体中的混合比例不同。三种色素中，黑色素影响着皮肤的明度，受影响的可能性最大。核黄色素、血红色素影响肤色的冷暖，变化的可能性小，这两种色素量的多少，决定了肤色的色相：

(1) 若血红色素量＝核黄色素量，则为自然皮（自然色相）；

(2) 若血红色素量＞核黄色素量，则为粉皮、灰粉皮（粉色相）；

(3) 若血红色素量＜核黄色素量，则为黄皮（黄色相）。

在人体色中，发色、唇色、瞳孔色可以通过纹染、描画、戴美瞳等方式轻易改变。只有肤色是相对稳定的，并且肤色在人体色中所占比例最大，是研究人体色特征的重要对象。

（一）肤色

如同自然界的各种色彩一样，肤色也具有色相、明度和纯度。

1. 色相

中国人是黄种人，肤色色相主要在黄色相和红色相之间变化。若肤色色相偏黄，则为暖皮，如驼色、黄褐色、象牙色，若肤色色相偏红，则为冷皮，如小麦色、粉白色、冷白色，如图 3-28 所示。

暖色倾向肤色   冷色倾向肤色

图 3-28　肤色色相的冷暖倾向

2. 明度

肤色的明度是指肤色的明暗程度，即肤色的深浅。通常说一个人很白或者很黑，形容的就是肤色的明度。高明度的皮肤轻薄、白皙，低明度的皮肤厚重、暗沉，如图 3-29 所示。

高明度 浅   低明度 深

图 3-29　肤色明度变化

3. 纯度

肤色的纯度是指皮肤色相的饱和程度，其变化如图 3-30 所示。

高纯度   低纯度

图 3-30　肤色纯度变化

4. 常见肤色特征

常见肤色的特征可从肤质、红晕、明度三个方面来分析，具体如表 3-2 所示。

表 3-2　常见肤色特征

肤　色	特　征		
	肤　质	红　晕	明　度
浅象牙色	通透白嫩、细腻光洁	珊瑚粉色	高
泛青的驼色	细腻轻薄，带青色、灰粉色	水粉色	中
小麦色	匀整密实，带褐色、土褐色	很少有红晕	中低
褐色	匀整密实，带暖调的黄褐色或泛青色的黄褐色	很少有红晕	低

（二）发色

头发质地有软硬之分、有色相特征，暖色系发色是泛黄的棕色系，冷色系发色是灰色或者黑色。常见发色有黑色、深棕色、棕黄色和黄色，其特征如表 3-3 所示。

表 3-3　常见发色特征

发　色	发 质 特 征
黑色	发色乌黑、发丝粗且厚重、发质硬
深棕色	发色偏黑 / 深棕偏黑、发质略硬、较直
棕黄色	发色呈棕黑 / 板栗色 / 棕黄 / 棕红、发质较软
黄色	发色呈浅棕 / 发黄、发质柔软

（三）眼睛色

眼睛色包括黑眼珠颜色和眼白颜色，其眼神特征如表 3-4 所示。

表 3-4　常见眼睛色特征

眼睛色	黑眼珠颜色	眼白颜色	眼神特征
黑色	正黑色	冷白色	锋利
深棕色	黑棕色	浅松石蓝	沉稳
柔棕色	深棕色	米白色	柔和
浅棕色	棕黄色	松石蓝	明亮

>>> 二、视觉平衡原理

（一）视觉残像

当眼睛长时间注视红色，然后转视白墙时，会在白墙上看到绿色系的残像；当眼睛长时间注视蓝色，然后转视白墙时，会在白墙上看到橙色系的残像，这种现象称为"视觉残像"。视觉残像原理实验图如图 3-31 所示，残像的色彩通常是原物的补色或在色环上的对比色。产生残像的原因是，当红色辐射光刺激人眼的感觉细胞时，会产生神经兴奋，而视线转移后，兴奋神经和抑制神经相互诱导，使原来兴奋的神经处于抑制状态，而感受绿色的细胞反而兴奋起来，从而就能在白墙上看到红色的互补色绿色。

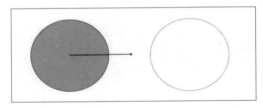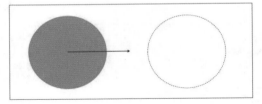

图 3-31　视觉残像原理实验图

（二）视觉平衡

从视觉残像理论可知，人的视觉器官能对色彩的刺激作出调节，使得视觉在生理上达到舒适、协调、趋向平衡的状态，人的视觉对色彩的这种需求，称为视觉平衡。因此，把一块暖色布放在面部下方时，视觉上会产生一个冷倾向的残像叠加在面部的肤色上。此时，如果肤色是暖肤色，那么与冷残像叠加中和，会改善皮肤瑕疵，能在视觉上产生和谐的视觉感受，使得皮肤趋向于健康的中性皮肤状态；如果肤色是冷肤色，再与冷残像叠加，会让皮肤发青、发暗，会觉得蓝色极差，即视觉感受不和谐（见图 3-32）。

图 3-32　冷、暖色布对肤色的影响

大量的实验与调查数据显示，中国人普遍的"健康"肤色或"理想"肤色是介于冷暖肤色中间的中性肤色。这种肤色的皮肤呈现光泽感，平滑匀整，五官立体，双眸清澈，面部瑕疵不明显。"健康"肤色或"理想"肤色的状态是形象设计师判断服装色是否匹配人体色的参考。

>>> 三、四季色彩理论

"四季色彩理论"在时尚界色彩领域中占据引领地位。1974年，美国色彩大师卡洛尔·杰克逊女士发现并创立了"四季色彩理论"，随后该理论迅速风靡欧美。1983年，玛丽·斯毕兰女士以"四季色彩理论"为基础，发展出"十二色彩季型理论"。1984年，佐藤泰子女士将"四季色彩理论"引入日本，并针对亚洲人的特征进行了研究，形成适应亚洲人特征的色彩体系。1998年，著名色彩顾问于西蔓女士将"四季色彩理论"首次引入中国，并针对中国人的肤色特点进行了改进。后来，四季美学艾薇老师进行了沿用及改进，形成了适合中国人服饰特点的色彩体系。

卡洛尔·杰克逊女士把色彩按照冷暖属性、轻重属性分为四组色彩群（见图3-33），每一组的色彩群的颜色特征与大自然四个季节的色彩特征十分接近，因此这四组色彩群命名为"春""夏""秋""冬"。这些色彩分为冷、暖两大色系，各色系中又依据色彩轻重，分为两个色调。暖色系分为春（轻色）、秋（重色）两组色调，冷色系中分为夏（轻色）、冬（重色）两组色调。

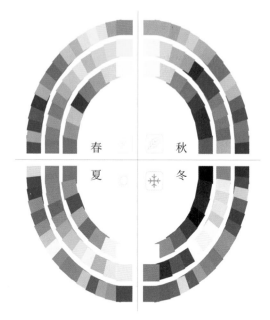

图3-33　四组色彩群

春的这组色彩群，特征是明亮、有活力、充满青春朝气，如同春天百花盛开、桃红柳绿，一片生机勃勃的景象。秋的这组色彩群，特征是浓郁、华丽、成熟、贵气，好似秋季金光灿灿的丰收盛况。夏的这组色彩群，特征是轻柔、浅淡、柔和、平静，类似夏天的莲荷朵朵，水天一线。冬的这组色彩群，特征是纯正、饱和、成熟、冰冷，恰似冬天的皑皑白雪。与此相对应的适用于春、夏、秋、冬这四组色彩群（见图3-34）的人，分别命名为"春季型人""夏季型人""秋季型人""冬季型人"。

四季色彩理论从根本上解决了设计对象人体色分析的难题，能够更有针对性、更准确、更全面地指导形象设计和服饰色彩搭配。形象设计师只有依据每个人的人体色特征，运用科学的鉴定流程，确定个体的专属色彩群，参照这个色彩群的用色规律，才能科学、合理地指导服饰用色、化妆用色。那么四个季型的人体色特征是什么呢？

图 3-34　四季色彩群

（一）春季型人的特征

春季是万物复苏的季节，此时草木新绿，花朵新生，春意盎然，映入眼帘的是一片片鲜艳、明亮、俏丽的色彩，充满了生机与活力。

春季型人的整体氛围是充满着青春感、朝气蓬勃、温暖、活泼、明亮、年轻。春季型人的皮肤纤细轻薄，眼睛明亮如玻璃珠，眼神充满朝气。春季型人适合用与自身人体色特征相协调的鲜艳明亮的暖色系做强对比，这种色彩搭配会使他们看起来比实际年龄更为年轻、明艳。春季型人的具体特征如表 3-5 所示。

表 3-5　春季型人的特征

类　别	特　征
皮肤色相	浅象牙色、象牙色、驼色
皮肤明度	高、中
皮肤质感	轻薄、细腻、白皙且有透明感
红晕	桃粉色、珊瑚粉色
黑眼珠	亮茶色、黄绿色等
白眼珠	湖蓝色系
眼睛特征	明亮如玻璃球
发色特征	茶色、棕黄色、栗色等泛黄、泛棕黄系，发质柔软
冷暖轻重	暖、轻
用色特点	鲜亮、明快的暖基调
季型细分	亮春（标准季型）、淡春（非标准季型）、柔春（非标准季型）
氛围特征	青春活泼、朝气蓬勃、温暖、明亮、年轻

（二）夏季型人的特征

夏季，碧水蓝天，花香四溢，有出淤泥而不染的荷花，及静谧柔美的园林水乡。夏季是柔和素雅、清新恬静的季节。

夏季型人给人平静、柔和、温婉、亲切、清爽、柔美的感觉，如静谧的碧蓝湖水，能淡化焦躁不安的情绪，能带给人清静的氛围。夏季型人适合用与自身人体色特征相协调的轻柔淡雅的冷色系做弱对比，这种色彩搭配更能呈现出温婉、柔美、恬静的气质。夏季型人的具体特征如表 3-6 所示。

表 3-6　夏季型人的特征

类　别	特　征
皮肤色相	粉白、乳白、米白、冷白、小麦色、泛青的驼色、带蓝调的褐色
皮肤明度	高、中、低
皮肤质感	轻薄
红晕	水粉色
黑眼珠	灰色、灰黑色、深棕色
白眼珠	乳白、米白、冷白
眼睛特征	目光柔和，神情温柔
发色特征	灰黑色、黑色或深棕色，发质柔软
冷暖轻重	冷、轻
用色特点	轻柔、淡雅的冷基调
季型细分	淡夏（标准季型）、亮夏（非标准季型）、柔夏（非标准季型）
氛围特征	平静、柔和、温婉、亲切、清爽、恬静

（三）秋季型人的特征

秋季是成熟丰收的季节，充满着迷人浪漫的金色调，亮黄的银杏叶、金灿灿的麦穗与浑厚的泥土、山脉的老绿交相辉映，呈现出华丽、浓郁、温暖的迷人景象。

秋季型人的整体氛围是华丽、高贵、成熟、稳重、浓郁、温暖。秋季型人是四季型人中最成熟、华贵的一类人，适合用与自身人体色特征相协调的金色系，用厚重浓郁的暖色做对比，会显得他们高贵、典雅、华丽。秋季型人的具体特征如表 3-7 所示。

表 3-7　秋季型人的特征

类　别	特　征
皮肤色相	象牙色、驼色、黄褐色
皮肤明度	高、中、低
皮肤质感	厚重、平滑
红晕	极少出现红晕
黑眼珠	黄棕色、深棕色、焦茶色
白眼珠	象牙色、浅湖蓝色、略带绿的白色

类　别	特　征
眼睛特征	目光沉稳
发色特征	褐色、棕铜色、巧克力色等深棕色系或黑色，发质粗硬，黑中泛黄
冷暖轻重	暖、重
用色特点	厚重、浓郁的暖基调
季型细分	深秋（标准季型）、暗秋（非标准季型）
氛围特征	华丽、成熟、高贵、温暖、稳重、典雅

（四）冬季型人的特征

在冬季，皑皑白雪、晶莹剔透的冰花与冷峻的黑夜、神秘的森林相映成趣，鲜明的视觉冲击，充满着与生俱来的冷艳与神秘。

冬季型人的整体氛围是冰冷、惊艳、个性十足、与众不同。冬季型人最适合用与自身人体色特征相协调的纯正、饱和的冷色做强对比，这种色彩搭配会给人成熟、有个性、惊艳、脱俗、热烈的印象。冬季型人的具体特征如表 3-8 所示。

表 3-8　冬季型人的特征

类　别	特　征
皮肤色相	粉白、乳白、米白、冷白、小麦色、泛青的驼色、泛青的黄褐色
皮肤明度	高、中、低
皮肤质感	厚重、平滑
红晕	极少出现红晕
黑眼珠	灰黑色、深黑色、焦茶色
白眼珠	米白、乳白、冷白
眼睛特征	眼睛黑白分明、目光锐利、有神
发色特征	灰黑、黑色，发质粗硬
冷暖轻重	冷、重
用色特点	纯正饱和的冷基调或无彩色系
季型细分	深冬（标准季型）、暗冬（非标准季型）
氛围特征	成熟、个性、惊艳、脱俗、热烈、冰冷

>>> 四、色彩季型与用色规律

（一）春季型

春季型人的肤色为高明度、中明度，无低明度，皮肤白皙细腻，肤质不厚重，脸颊容易出现桃粉和珊瑚粉的红晕；眼神轻盈好动，眼珠一般呈棕色或棕黄色，眼白呈湖蓝色；头发较为柔软，发质较细（见图 3-35）。

春季型人用色规律

服饰形象设计

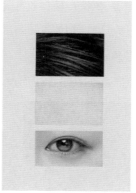

图 3-35　春季型人体色特征

整体印象：发色与肤色间有对比感，整体感觉年轻、有朝气、生动。

适合的服饰用色：鲜艳明快的暖基调（暖色、浅色）。

标准春季型人为亮春型，非标准春季型人为淡春型、柔春型。

1. 春季型人的优势色

春季型人适用的服饰色彩基调是暖色系中的明亮色调。

春季型人的特点是鲜艳活泼，有着明亮的眼睛，桃花般的肤色。因此，用明亮、鲜艳的暖色，能呈现出朝气、年轻、鲜嫩的气质。春季型人的服饰使用象牙白、亮黄绿色、杏桃色、浅金色、亮橘色、浅水蓝等时，整体形象给人以扑面而来的活力朝气和轻盈愉悦，整体色调泛暖色，如春日田野，展现出春季型人的清新活力与神采奕奕。春季型人使用最广的颜色是明亮的黄色（见图3-36）。

2. 春季型人的禁忌色

对于春季型人，黑色是最不适合的颜色，加入大量黑色的暗色和加入大量灰色的浊色也不适合（见图3-37）。这些色彩与春季型人白皙轻薄的皮肤以及柔软飘逸的黄发相冲突，

<table>
<tr><td>图 3-36　春季型人适合的服饰色彩与妆容</td><td>图 3-37　春季型人不适合的服饰色彩与妆容</td></tr>
</table>

视觉感受不和谐，使春季型人显得过于老气、深重、暗淡。如果在特定场合需要穿黑色、重色等禁忌色，应避免这些颜色靠近面部，或使用偏暖的深色、重色来代替。

3. 春季型人适用色彩群

春季型人适用色彩群如图 3-38 所示。

象牙色	浅咔叽	浅驼色	棕金色	金棕色	浅暖灰	中暖灰	浅长春花蓝	奶黄色	浅杏色	桃粉色	浅水蓝
杏色	浅蛙肉色	荧光粉	橘红色	明红色	桃红色	暖玫瑰	深橘色	橙色	金橘色	清金色	明黄色
淡黄绿	亮黄绿	黄绿色	宝石绿	浅骆色	绿松石蓝	浅绿松石蓝	浅皇家蓝	中蓝色	浅清海军蓝	浅紫蓝色	亮紫罗兰

图 3-38 春季型人适用色彩群

4. 春季型人服饰色彩搭配技巧

(1) 黄色：多使用明亮的黄色，黄色系列与象牙白、浅驼色、黄绿色、鲑肉色搭配，效果较出彩。

(2) 白色：首选泛黄调的象牙白。如象牙白的套装、衬衣、连衣裙搭配明亮的金橘色或亮黄绿色单品 (如丝巾、腰带、鞋、包)，会形成色彩的强对比，会让春季型人亮丽无比。

(3) 蓝色：应选带黄色调、饱和明亮或有光泽感的蓝色。浅淡明快的蓝色系 (如浅长春花蓝、浅绿松石蓝)，适合活泼亮丽的时装和休闲装。明度略低的蓝色系 (如皇家蓝等)，适合在职场中使用。泛暖的蓝色与暖灰、黄色系的搭配效果最佳。

(4) 棕色系：适合春季型人在秋冬季节使用，如棕金色、金棕色可与浅绿松石蓝或清金色等搭配，但要注意选用的棕色明度不可太深，否则会打破春季型人明亮活力的氛围感。

(5) 驼色：适合职场套装，可与暖白色搭配，在时尚职场中也可将驼色与淡黄绿色、清金色、浅绿松石蓝、橘红色组合搭配。我们也可以选择驼色的鞋、包等单品与鲜艳明亮的服装搭配。

(6) 灰色：适合选用具有光泽感的银灰色，或中高明度的浅暖灰、中暖灰。这类灰色与同样明度的桃粉、浅水蓝、奶黄色等的搭配效果最佳。

5. 亮春型、淡春型、柔春型人用色规律分析

从皮肤特征、眼神特征、适用色彩群、色彩搭配原则四个方面分析亮春型、淡春型、柔春型人用色规律，如表 3-9 所示。

表 3-9　亮春型、淡春型、柔春型人用色规律分析

分　类	亮春型	淡春型	柔春型
皮肤特征	高明度，略透明的象牙色皮肤，杏粉色红晕	高明度，白皙透明的象牙色皮肤，珊瑚粉或桃粉色红晕	中明度，象牙色皮肤，脸颊呈现不明显的珊瑚粉红晕
眼神特征	明亮有神，呈现如玻璃珠般的亮茶绿色或黄绿色	温柔亲切、轻盈柔和	成熟稳重
适用色彩群	鲜艳明亮的色彩群，如中高明度、中高纯度的暖色调	浅淡明亮的色彩群，如高明度、中低纯度的暖色调	淡雅柔和的色彩群，如中明度、中低纯度的暖色调
色彩搭配原则	运用强对比，突出朝气和俏丽	运用弱对比，突出柔和	运用中对比，突出沉稳气质

6. 春季型人场合用色指导

1) 职场

春季型人的正式职场套装 (见图 3-39) 适合选用稳重的色彩，如中暖灰色、金棕色等；应避免过于深沉浓重的黑色、深蓝色、蓝紫色等颜色。春季型人的时尚职场套装 (见图 3-40) 适合选用饱和亮丽、充满时尚感的色彩来搭配稳重的色彩，如浅绿松石蓝、奶黄色、清金色、桃粉色等颜色。

2) 休闲场合

休闲场合最能体现春季型人的气质与魅力。因为春季型人活泼，与休闲场合的活力感氛围吻合，所以明亮、鲜艳的色彩做休闲运动装的效果最佳。在休闲场合，春季型人可以大胆地选择春季型人适用色彩群中的颜色，搭配时多使用强对比配色，以凸显朝气与动感，如选用绿松石蓝系列、黄绿系列、橘黄系列、粉色系列 (见图 3-41)。

图 3-39　春季型人正式职场套装　　图 3-40　春季型人时尚职场套装　　图 3-41　春季型人休闲装

3) 约会场合

约会场合需要具有年轻、活泼、甜美感的色彩，不宜使用无彩色；同时，要体现女性的妩媚和矜持，也不宜采用强对比。春季型人在约会场合切忌选择过于老气和沉闷的色彩，可选用浅绿松石蓝、暖玫瑰、橙色、淡黄色等颜色（见图 3-42）。

4) 宴会场合

春季型人适用色彩群中，亮丽饱和的颜色，比如金橘色、亮紫罗兰、橙色、暖玫瑰、皇家蓝、桃红色、宝石绿等，都可作为宴会装用色（见图 3-43）。

图 3-42　春季型人约会装

图 3-43　春季型人宴会装

7. 春季型人配饰用色指导

(1) 包：在职场中，春季型人在选择皮包时，可选用常用色彩群中较稳重的色彩，如米色、浅驼色、各类棕色、浅暖灰等。在休闲场合及时尚场合，包可选用视觉冲击力较强的色彩，如黄绿色系、橘色等。在整体形象的色彩搭配中，包可以与鞋的颜色相呼应。

(2) 首饰：春季型人适合佩戴色泽明亮、有光泽感的暖色系饰品，如淡黄色珍珠、彩金、K 金、泛黄调的玉石、暖亮色系的水晶、珊瑚粉色饰品等；不适合佩戴冷色属性的铂金或银质饰品，会显得色彩不和谐、生硬、廉价。

(3) 帽子、眼镜：春季型人的帽子选色和服装用色一致，可选择明亮、清浅、鲜亮的颜色，忌用黑色和过深重的颜色，这种颜色与春季型人白色的肌肤、飘逸的黄发不和谐。

春季型人的肤色较白皙，镜框适合选择柔和的浅色，如金色、浅驼色等，太阳镜镜片适合黄色、褐色、浅暖灰等暖色调。

8. 春季型人妆发用色指导

1) 春季型人彩妆最佳用色

从粉底色、眉毛色、眼影色、睫毛膏色、腮红色、唇膏色这六个方面来分析春季型人彩妆用色，如表 3-10 所示。

表 3-10　春季型人彩妆最佳用色

类　别	春季型人彩妆最佳用色
粉底	浅象牙色、象牙色
眉毛	棕色、浅棕色
眼影	桃粉色搭配棕金色，浅杏色搭配桃粉色，荧粉色搭配棕金色
睫毛膏	棕色
腮红	桃红色、橙红色
唇膏	橘红色、深橘色、浅鲑肉色

2) 春季型人染发最佳用色

春季型人的发色应与人体色、服饰色、彩妆色相统一，这样才能平衡整体的色彩。春季型人染发时，适合选择暖色系 (如棕色、金色等暖色调) 发色。

9. 春季型男士用色指导

1) 春季型男士常用色彩群

春季型男士常用色彩群如图 3-44 所示。

图 3-44　春季型男士常用色彩群

2) 春季型男士服装配色方案

春季型男士服装配色方案如图 3-45 所示。

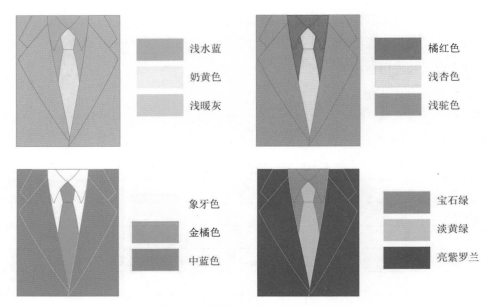

	浅水蓝
	奶黄色
	浅暖灰

	橘红色
	浅杏色
	浅驼色

	象牙色
	金橘色
	中蓝色

	宝石绿
	淡黄绿
	亮紫罗兰

图 3-45　春季型男士服装配色方案

（二）夏季型

夏季型人的肤色高、中、低明度均有，肤质轻薄，水粉色的红晕，灰粉色的嘴唇；眼睛或轻柔或明亮，眼珠一般呈玫瑰棕色、灰黑色或深棕色，眼白呈柔白色；头发较为柔软，以灰黑色为主 (见图 3-46)。

夏季型人用色规律

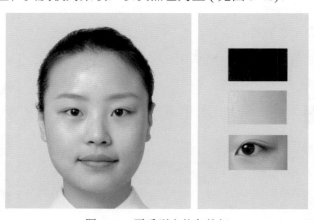

图 3-46　夏季型人体色特征

整体印象：优雅、秀丽。

适合的服饰用色：轻柔浅淡的冷基调 (柔和、淡雅)，不发黄的颜色。

标准夏季型人为淡夏型，非标准夏季型人为亮夏型、柔夏型。

1. 夏季型人的优势色

夏季型人适用的服饰色彩基调为冷色系中的轻柔淡雅色调。

夏季型人给人以温柔、高雅、恬静的感觉，像夏日里的清风，温和宜人。在色彩选取上，可用蓝基调的色彩装扮出夏季型人柔和、雅致的形象 (见图 3-47)，同时色彩搭配上可使用弱对比，避免反差较大的色调。夏季型人适合选用深浅不同的蓝色、紫色、水粉色等柔和、淡雅的冷色相，中明度的灰色调也适合夏季型人的朦胧感。

2. 夏季型人的禁忌色

夏季型人不适合过深的颜色，如黑色、藏蓝色，也不适合泛黄的暖色 (见图 3-48)，如橙色、棕色、驼色，这些颜色会破坏夏季型人的柔美感。夏季型人在选择黄色时要慎重，发蓝的浅黄色为宜。

图 3-47 夏季型人适合的服饰色彩与妆容

图 3-48 夏季型人不适合的服饰色彩与妆容

3. 夏季型人适用色彩群

夏季型人适用色彩群如图 3-49 所示。

图 3-49 夏季型人适用色彩群

4. 夏季型人服饰色彩搭配技巧

夏季型人适合柔和淡雅的色彩，以及有朦胧感的色调；适合在同一色相或邻近色中进行浓淡搭配，如蓝紫、蓝灰、蓝绿等。夏季型人不适合沉重的低明度色彩，如黑色、藏蓝色。

(1) 白色：泛冷的乳白色干净清爽，适合与天蓝色、淡粉色、淡绿松石蓝、柔薰衣草紫等色彩搭配，能装扮出夏季型人的朦胧感。

(2) 蓝色：蓝色系非常适合夏季型人，这种颜色的深浅程度应在深紫蓝、淡绿松石蓝之间把握。灰蓝色、蓝灰色显得高雅、知性，可用于职业套装；深一些的蓝色可做风衣、套装，但夏季型人不适合藏蓝色；浅一些的蓝色可做衬衣、连衣裙、毛衫等。

(3) 紫色：紫色系也是夏季型人的常用色，适用于约会装、宴会装、休闲装，并且可以与浅紫色、淡蓝色、浅正绿色、浅蓝黄等搭配。

(4) 灰色：中、高明度的高级灰雅致，非常适合夏季型人。不同深浅的灰与不同深浅的蓝色、粉色、紫色搭配最佳，如粉哔叽、淡蓝色、浅葡萄紫等。

(5) 棕色：夏季型人不适合棕色系和泛黄的色彩，一般建议做下装或鞋子。

5. 淡夏型、亮夏型、柔夏型人用色规律分析

淡夏型、亮夏型、柔夏型人用色规律分析如表 3-11 所示。

表 3-11　淡夏型、亮夏型、柔夏型人用色规律分析

分　类	淡夏型	亮夏型	柔夏型
皮肤特征	高明度，乳白色皮肤，白皙透明，容易出现水粉色红晕	中、高明度，健康的小麦色皮肤，脸颊呈现薄而淡的水粉色红晕	中明度，带灰调的驼色皮肤，似有若无的水粉色红晕
眼神特征	轻盈柔和	明亮有神	成熟稳重
适用色彩群	浅淡明亮的色彩群，如高明度、中低纯度的冷色调	鲜艳明亮的色彩群，如中高明度、中高纯度的冷色调	淡雅柔和的色彩群，如中明度、中低纯度的暖色调
色彩搭配原则	运用弱对比，渐变搭配，邻近色相搭配，突出柔和	运用强对比，突出其朝气与活力	运用中对比，突出沉稳气质

6. 夏季型人场合用色指导

1) 职场

夏季型人正式职场套装 (见图 3-50) 适合选用稳重的色彩，如深灰蓝、蓝灰色、玫瑰棕，既雅致又干练；不宜选择深沉、浓重的黑色，过深的颜色会破坏夏季型人的柔美感。夏季型人时尚职场套装 (见图 3-51) 适合选用清新淡雅且带有时尚感的色彩，如深酒红、深长春花蓝、紫色、嫩粉色、薰衣草紫等颜色来搭配稳重色。

2) 休闲场合

对于休闲场合，可选用具有健康感的绿色系和有清爽感的蓝色系，同时运用对比搭配突出动感 (见图 3-52)。

3) 约会场合

约会场合的色彩要能够体现女性年轻、温柔、恬静的感觉，因此不宜选择过于沉重和浑浊的色彩，可选用粉红色、天空蓝、浅正绿、牡丹紫等优雅的色彩，同时可选择同色系或近似色系的单品、配饰做搭配 (见图 3-53)。

图 3-50　夏季型人正式职场套装　　图 3-51　夏季型人时尚职场套装　　图 3-52　夏季型人休闲装

4) 宴会场合

　　夏季型人适用色彩群中，明亮华丽的色彩基本上都可作为宴会装的用色，如紫罗兰色、洋李紫、深酒红、覆盆子红、牡丹紫等较深的色彩 (见图 3-54)，也可选择带光泽感的面料或有亮片装饰的浅色系列；不宜选用黑色，会破坏夏季型人的柔美感。

图 3-53　夏季型人约会装　　　　　　图 3-54　夏季型人宴会装

7. 夏季型人配饰用色指导

(1) 包：在职场中，夏季型人在选择皮包时，可选用较稳重的色彩与服装、鞋相呼应，以达到统一协调的效果。在休闲场合、时尚场合等，包的色彩可选用淡雅、明亮、温和的颜色，如乳白色、蓝灰色、粉色、紫色、淡蓝色等。

(2) 首饰：夏季型人适合佩戴清澈、浅淡且色泽干净的冷色系饰品，如铂金、钻石、银饰、浅淡的蓝宝石、冷色系和朦胧的灰色系珍珠等，以体现夏季型人清新典雅的气质。夏季型人不适合佩戴黄金饰品，因为黄金华丽、浓郁，与其冷色系特征、整体氛围相排斥，会显得过于华美、俗气。

(3) 帽子、眼镜：帽子用色要根据服装来搭配，宜选择夏季型人适用色彩群中浅淡的色彩，以体现女性温和、亲切的感觉，如淡蓝色、蓝灰色、紫罗兰色等。肤色较浅的夏季型人适合选择颜色较淡的镜框，肤色较深者更适合颜色较重的镜框。镜框色通常选用银色、灰色、蓝灰色、紫红色等，太阳镜镜片色通常选用淡粉色、蓝紫色等。

8. 夏季型人妆发用色指导

1) 夏季型人彩妆最佳用色

夏季型人适合冷基调的粉底和冷色系的腮红、口红、眼影，其眉毛适合灰黑色。表3-12从粉底色、眉毛色、眼影色、睫毛膏色、腮红色、唇膏色六个方面分析了夏季型人彩妆用色。

表3-12 夏季型人彩妆最佳用色

类 别	夏季型人彩妆最佳用色
粉底	粉白色、米色
眉毛	灰黑色
眼影	银红色搭配乳白色，银红色搭配浅葡萄紫，浅葡萄紫搭配灰蓝色
睫毛膏	黑色、蓝色
腮红	玫瑰红、银红色
唇膏	嫩粉色、粉色、兰花紫、深玫瑰粉

2) 夏季型人染发最佳用色

夏季型人的发色应与人体色、服饰色、彩妆色相统一，这样才能平衡整体的色彩。夏季型人染发时适合将发色调至冷色系，如灰褐色、灰黑色、酒红色。

9. 夏季型男士用色指导

1) 夏季型男士常用色彩群

夏季型男士常用色彩群如图3-55所示。

图 3-55　夏季型男士常用色彩群

2）夏季型男士服装配色方案

夏季型男士服装配色方案如图 3-56 所示。

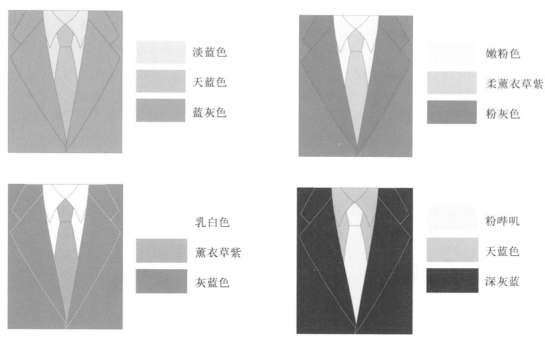

淡蓝色

天蓝色

蓝灰色

嫩粉色

柔薰衣草紫

粉灰色

乳白色

薰衣草紫

灰蓝色

粉哔叽

天蓝色

深灰蓝

图 3-56　夏季型男士服装配色方案

（三）秋季型

秋季型人有着瓷器般的肤色且肤色高、中、低明度均有，肤质厚重，肤色表象为象牙色、褐色，脸颊不易出现红晕；眼神深沉、沉稳，眼珠一般呈焦茶色或深棕色，眼白呈湖蓝色；头发以深棕色、黑色为主（见图 3-57）。

秋季型人用色规律

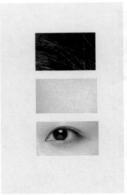

图 3-57　秋季型人体色特征

整体印象：成熟、稳重、华丽、高贵。

适合的服饰用色：浓郁浑厚的暖基调（暖色、重色）。

标准秋季型人为深秋型，非标准秋季型人为暗秋型。

1. 秋季型人的优势色

秋季型人适用的服饰色彩基调为暖色系中的沉稳华丽色调。

秋季型人成熟、稳重、端庄、华丽，是四个季型中成熟、华贵的代表。在色彩选取上，可用暖基调的深色彩呈现秋季型人温暖、浓郁的氛围特征（见图 3-58）。秋季型人在金色、苔绿色、金黄色、凫色、棕色、铁锈红等深而华丽的服饰色彩的衬托下，看起来成熟高贵，流露出华丽的气息。同时，越浑厚、温暖、浓郁的色彩，越能衬托秋季型人陶瓷般的皮肤。

2. 秋季型人的禁忌色

秋季型人不适合过于浅淡、明艳的颜色，如天蓝色、淡粉色、亮黄绿色等颜色（见图 3-59），因为秋季型人肤色暗黄，这些颜色会使秋季型人的肤色更暗，会把高贵的秋季型人变得俗气。秋季型人也不适合黑色、藏蓝色、灰色、纯白色，可用深棕色、深砖红色、橄榄绿、凫色来代替。

图 3-58　秋季型人适合的服饰色彩与妆容　　　图 3-59　秋季型人不适合的服饰色彩与妆容

服饰形象设计

3. 秋季型人适用色彩群

秋季型人适用色彩群如图 3-60 所示。

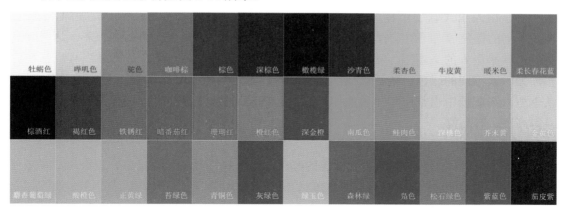

图 3-60　秋季型人适用色彩群

4. 秋季型人服饰色彩搭配技巧

秋季型人色彩搭配适合选用相同色相或邻近色相，更能凸显服装的华丽感，不宜使用强烈对比色，会破坏秋季型人成熟华丽的整体氛围。

(1) 黄色：最适合以黄金色调为底色的色彩，如棕黄色；保守稳重的棕色适合与鲜艳的凫色、金橙色搭配，保留成熟感的同时，提升整体形象的华丽感。

(2) 绿色：秋季型人穿绿色系也很出彩，如苔绿色适合在职业装中使用，森林绿适合用在时装或毛衣、衬衣、连衣裙中。

(3) 棕色：成熟的棕色可与金色、驼色、凫色、麝香葡萄绿进行组合配色，这些颜色能够装扮出秋季型人的华丽、稳重；保守的棕色也可以作为下装和鞋包的颜色，与较为鲜艳的颜色搭配，如秋季型人适用色彩群中典型的珊瑚红、森林绿、橙红色等。

(4) 白色：秋季型人适合用泛黄的牡蛎色来代替纯白色做职业装、大衣、鞋包等。牡蛎色也可与柔和的浊色搭配，如与棕色系、驼色系搭配，营造出成熟高雅、自然高级的氛围感。

5. 深秋型、暗秋型人用色规律分析

深秋型、暗秋型人用色规律分析如表 3-13 所示。

表 3-13　深秋型、暗秋型人用色规律分析

分　类	深秋型	暗秋型
皮肤特征	中明度或中低明度，瓷器般的象牙色皮肤，似有若无的红晕	中低明度，偏暗的棕黄色肤色，不易出现红晕
眼神特征	成熟稳重	更加深沉
适用色彩群	浓郁浑厚的色彩群，如中低明度、中高纯度的暖基调	较深沉的色彩群，如中低明度、中低纯度暖基调
色彩搭配原则	运用中对比，突出深秋型人的稳重和高贵	运用弱对比，突出暗秋型人的稳重和深沉

6. 秋季型人场合用色指导

1) 职场

秋季型人正式职场套装 (见图 3-61) 适合选用稳重的色彩，如驼色、橄榄绿、凫色、深浅不同的棕色等；不宜选择黑色、深蓝色、蓝紫色等太过老气、沉闷的色彩，这些颜色会破坏秋季型人的华丽感。秋季型人时尚职场套装 (见图 3-62) 适合选用时尚且浓郁的色彩，如深浅不同的绿色、砖红色系、金色系等，用它们来搭配稳重色，既时尚又有格调。秋季型人在职场中也常用咖啡色系作为裙装、裤装用色，搭配同色系或略浅颜色的上衣，显得高贵、有品位。

2) 休闲场合

秋季型人的休闲装要回避过于深沉的颜色，可选择橙红色、深桃色、正黄绿、暖米色等色彩，富有浪漫时尚之感 (见图 3-63)。

图 3-61　秋季型人正式职场套装　　图 3-62　秋季型人时尚职场套装　　图 3-63　秋季型人休闲装

3) 约会场合

秋季型人的约会装一定要能够体现女性柔美和年轻的感觉，可选择浅杏色、鲑肉色、深桃色、南瓜色、芥末黄、金橙色等时尚华丽且不过于浓艳的颜色，体现高贵、优雅的气质 (见图 3-64)。

4) 宴会场合

秋季型人适用色彩群中华丽、高贵的色彩都可用于宴会场合，如金黄色、森林绿、橙红色、绿松石蓝等。但要注意在整体色彩搭配上，不适合强烈对比，只有在相同色系或相邻色系中进行浓淡搭配，才能烘托出秋季型人的稳重与华丽 (见图 3-65)。

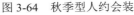

图 3-64　秋季型人约会装

图 3-65　秋季型人宴会装

7. 秋季型人配饰用色指导

（1）包：秋季型人所选用的包的颜色要体现气质和场合，浓郁、浑厚的暖色系是首选，如棕色系、驼色、暖米色、橄榄绿、棕酒红等成熟且温暖的色彩。

（2）首饰：秋季型人的首饰的颜色以浓重的金色调及大自然的色调为主，比如高纯度黄金、琥珀、玛瑙、铜质饰品、木质饰品、泛黄调的珍珠、黄宝石、祖母绿饰品等都是秋季型人的最佳选择。秋季型人不宜佩戴铂金及银质饰品，因其属于冷色系，与秋季型人的肤色属性相冲突，不仅不能起到美化作用，反而破坏了整体的成熟与华丽感。

（3）帽子、眼镜：秋季型人的帽子宜选择浓郁、华丽、浑厚的暖色系，尤其适合大地色系、驼色，如暗番茄红、珊瑚红、橙红色、苔绿色、橄榄绿等。肤色较白的秋季型人可选择略浅淡的金色框，稍暗肤色的秋季型人则可以选择棕色系或铁锈红等颜色的镜框，尽量选择与自身眉毛、发色相近的颜色，以突出秋季型人的成熟与华丽。太阳镜镜片可选择棕色、橙红色系、橄榄绿等。

8. 秋季型人妆发用色指导

1）秋季型人彩妆最佳用色

秋季型人适合暖基调的粉底和暖色系的腮红、口红、眼影，其眉毛适合棕色。从粉底色、眉毛色、眼影色、睫毛膏色、腮红色、唇膏色六个方面分析秋季型人彩妆用色，如表3-14所示。

2）秋季型人染发最佳用色

秋季型人在日常染发时，不宜选择与自身肤色不协调的发色，会有怪异的感觉。秋季型人适合棕黄色、深棕色、咖啡棕等暖调颜色的头发。

表 3-14　秋季型人彩妆最佳用色

类　别	秋季型人彩妆最佳用色
粉底	驼色、米黄色
眉毛	棕色
眼影	牡蛎色搭配金棕色，金棕色搭配咖啡色，青铜色搭配咖啡色
睫毛膏	棕色
腮红	深橙渐变、铁锈红
唇膏	金橙色、棕红色、杏粉色

9. 秋季型男士用色指导

1) 秋季型男士常用色彩群

秋季型男士常用色彩群如图 3-66 所示。

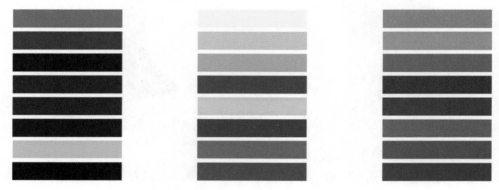

图 3-66　秋季型男士常用色彩群

2) 秋季型男士服装配色方案

秋季型男士服装配色方案如图 3-67 所示。

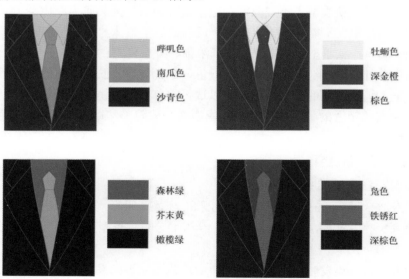

森林绿
芥末黄
橄榄绿

哔叽色
南瓜色
沙青色

牡蛎色
深金橙
棕色

凫色
铁锈红
深棕色

图 3-67　秋季型男士服装配色方案

（四）冬季型

冬季型人的肤色高、中、低明度均有，肤质厚重，肤色表象一般为青白色，脸颊不易出现红晕；眼神犀利，眼珠呈深棕色或黑色，眼白为冷白色；头发为灰黑色或黑色（见图3-68）。

冬季型人用色规律

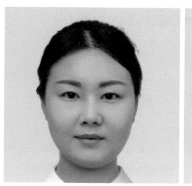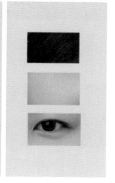

图 3-68　冬季型人体色特征

整体印象：个性分明、与众不同。

适合的服饰用色：纯正饱和的冷基调（冷色、重色）。

标准冬季型人为深冬型，非标准冬季型人为暗冬型。

1. 冬季型人的优势色

冬季型人适用的服饰色彩基调为冷色系中的沉稳色调。

冬季型人有着锐利有神的眼睛，对比鲜明，魅力十足。饱和、纯正的原色调，如宝蓝色、藏蓝色、深紫色、深玫瑰粉、蓝红色等，可以装扮出冬季型人惊艳、冷峻、成熟的形象。正红色、正绿色、中国蓝等带有蓝调的高纯度色彩干净、炫目、有个性，与冬季型人的肤色特征和整体氛围感非常吻合。黑、白、灰也是冬季型人的专用色，尤其是黑色、白色，只有冬季型人才能把黑、白色彩演绎得最好，发挥无彩色的鲜明个性（见图3-69）。

2. 冬季型人的禁忌色

冬季型人最不适合缺乏对比的色彩（见图3-70）。

图 3-69　冬季型人适合的服饰色彩与妆容　　图 3-70　冬季型人不适合的服饰色彩与妆容

3. 冬季型人适用色彩群

冬季型人适用色彩群如图 3-71 所示。

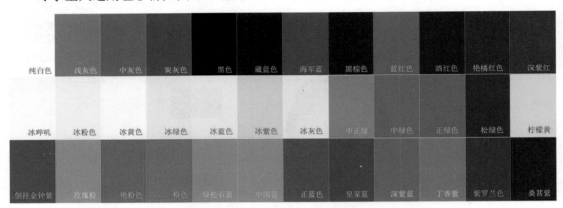

纯白色	浅灰色	中灰色	炭灰色	黑色	藏蓝色	海军蓝	黑棕色	蓝红色	酒红色	艳橘红色	深紫红
冰哗叽	冰粉色	冰黄色	冰绿色	冰蓝色	冰紫色	冰灰色	中正绿	中绿色	正绿色	松绿色	柠檬黄
倒挂金钟紫	玫瑰粉	艳粉色	粉色	绿松石蓝	中国蓝	正蓝色	皇家蓝	深紫蓝	丁香紫	紫罗兰色	桑葚紫

图 3-71 冬季型人适用色彩群

4. 冬季型人服饰色彩搭配技巧

冬季型人服饰色彩应使用对比搭配，这样才能完美地衬托出冬季型人的惊艳、脱俗。

(1) 无彩色：冬季型人首选纯白色，可以搭配冰色系 (如冰蓝色、冰粉色等)，能使冬季型人看起来奕奕有神。黑色、炭灰色、浅灰色是冬季型人的专属色，也是常用色，使用这些颜色时可以点缀亮色做对比搭配，如无彩色的大衣套装搭配亮色单品。通常，黑色与柠檬黄搭配、炭灰色与玫瑰粉色搭配、浅灰色与冰粉色搭配，能轻松装扮出时尚感。

(2) 红色：泛蓝的红色是冬季型人的首选，加入少许黑色的红色系也较适合冬季型人，如正红色、酒红、深紫红等。酒红、深紫红适合做套装，蓝红色适合做大衣、围巾。

(3) 蓝色：纯正的蓝色、藏蓝色是冬季型人的专用色，适合作为套装、毛衣、衬衣、项链、戒指的用色。

(4) 棕色：冬季型人应尽量避免棕色，因为棕色偏暖，选择时参照冬季型人适用色彩群中的黑棕色。

(5) 冰色系可以用来与浓重色彩进行对比搭配，或作为夏季的服装用色。

5. 深冬型、暗冬型人用色规律分析

深冬型、暗冬型人用色规律分析如表 3-15 所示。

表 3-15 深冬型、暗冬型人用色规律

分 类	深冬型	暗冬型
皮肤特征	中明度、中高明度，泛青的冷白色皮肤，不易出现红晕	中低明度，偏暗的黄褐色皮肤，不易出现红晕
眼神特征	锐利、有神	深邃犀利
适用色彩群	鲜艳明亮的色彩群，如中明度、中高纯度的冷基调	深重的色彩群，如中低明度、中低纯度的冷基调
色彩搭配原则	运用强比较、无彩色，突出惊艳与时尚	运用弱比较，渐变搭配原则，邻近色相的搭配效果最佳

6. 冬季型人场合用色指导

1) 职场

冬季型人正式职场套装 (见图 3-72) 适合选用稳重的色彩，首选灰色系、正蓝色系。冬季型人时尚职场套装 (见图 3-73) 适合选用浅淡的冰色系或鲜艳饱和的色系，如绿色系、玫瑰色系，或用冰蓝、冰粉、冰绿、冰黄等颜色来搭配稳重色，既时尚又有格调。

冬季型人的职场套装常用稳重色搭配浅淡 / 亮丽色，如藏蓝色、黑色、纯白、浅灰色等与玫瑰粉色、蓝红色、柠檬黄、冰色系等进行对比搭配。

2) 休闲场合

冬季型人适用色彩群中艳丽饱和的色彩 (比如绿松石蓝、柠檬黄、艳粉色等) 之间进行对比搭配，都能充分表现冬季型人在休闲场合中动感十足、魅力十足的气质 (见图 3-74)。

图 3-72　冬季型人正式职场套装　　图 3-73　冬季型人时尚职场套装　　图 3-74　冬季型人休闲装

3) 约会场合

冬季型人的约会装可选择明亮且时尚的正蓝色、蓝红色、正绿色等色彩，色彩搭配上体现女性的妩媚和矜持 (见图 3-75)，不宜选择强对比或者是无彩色之间的互配。

4) 宴会场合

冬季型人适用色彩群中，可作为宴会装用色的颜色较多，基本上华丽纯正的颜色都可以使用，比如黑色、白色、桑葚紫、紫罗兰色、皇家蓝、倒挂金钟紫、正绿色等 (见图 3-76)。

图 3-75　冬季型人约会装　　　　　　　图 3-76　冬季型人宴会装

7. 冬季型人配饰用色指导

(1) 包：包的颜色要体现冬季型人个性分明、与众不同的气质，起到画龙点睛的作用。冬季型人适合选择艳丽、饱和、纯正的色彩做强对比配色，或与衣服、鞋子相呼应，如黑色、藏蓝色、深红色、正蓝色、冷白色、艳粉色等。

(2) 首饰：冬季型人适合佩戴鲜艳且色泽纯正的各类宝石、冷色系的纯白或黑色珍珠、铂金、亮银、钻石等，这类首饰最能体现其冷艳气质。冬季型人不适合佩戴黄金饰品，温暖华丽的黄金与冷艳、时尚的冬季型人相冲突。

(3) 帽子、眼镜：冬季型人的帽子同样要选择鲜艳、纯正的色彩，如既高贵又神秘的紫罗兰色、深紫色，时尚又高级的玫瑰红与蓝红色，对比鲜明的艳橘红色与正绿等色彩。肤色厚重、白皙的冬季型人可以选择柔和的银色系镜框，稍暗肤色的冬季型人则可以选择黑色或炭灰色镜框。太阳镜镜片适合选用黑色、灰色、蓝色、紫色等无彩色系或冷色系。

8. 冬季型人妆发用色指导

1) 冬季型人彩妆最佳用色

冬季型人适合冷基调的粉底和冷色系的腮红、口红、眼影，其眉毛适合黑色、灰黑色。从粉底色、眉毛色、眼影色、睫毛膏色、腮红色、唇膏色六个方面分析冬季型人彩妆用色，如表 3-16 所示。

表 3-16　冬季型人彩妆最佳用色

类　别	冬季型人彩妆最佳用色
粉底	泛青驼色、玫瑰粉色
眉毛	灰黑色、黑色
眼影	纯白色搭配浅紫罗兰，冰粉色搭配浅红色，冰灰色搭配深葡萄紫
睫毛膏	黑色、蓝色
腮红	粉色、玫瑰粉
唇膏	酒红色、玫瑰红、粉色

2) 冬季型人染发最佳用色

冬季型人在日常染发时，不宜选择与自身肤色不协调的发色，会有怪异的感觉。冬季型人适合黑棕色、黑色、深酒红等冷色调的头发。

9. 冬季型男士用色指导

1) 冬季型男士常用色彩群

冬季型男士常用色彩群如图 3-77 所示。

图 3-77　冬季型男士常用色彩群

2) 冬季型男士服装配色方案

冬季型男士服装配色方案如图 3-78 所示。

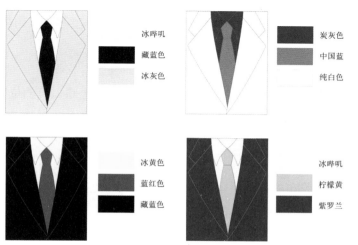

图 3-78　冬季型男士服装配色方案

第三章　色彩规律分析与用色指导

第三节　色彩鉴定

>>> 一、鉴定基本要求

1. 外在环境

(1) 在自然光下鉴定,如果条件受限,则可在白炽灯下鉴定,要求光源距离人体 1 m 以上。

(2) 室内墙壁为白色,周围无大面积彩色投射、反射影。

(3) 室温勿过高或过低,以免影响被鉴定者的肤色。

2. 对被鉴定者

(1) 以本身肤色为基准,如果被鉴定者化了妆,则应先卸妆。

(2) 防晒霜也会改变肤色,应卸掉防晒霜。

(3) 若肤色因暴晒、过敏、饮酒等发生临时改变,则应等肤色恢复到自然状态后再进行鉴定。

(4) 外戴眼镜或有色隐形眼镜应摘取下来。

(5) 如果被鉴定者的头发进行过漂染,需戴上白帽子或用白发带将头发固定、遮挡。

(6) 如果被鉴定者有文眉、文眼线、文唇的情况,鉴定时应排除这些干扰,并不以此为依据。

(7) 被鉴定者颈部以上不要有首饰。

>>> 二、鉴定专用工具

色彩鉴定专用工具包括镜子、白围布、发卡、唇膏、季型鉴定专用色布、四季色彩识色用本、验证色布、色调鉴定专用色布、肤色鉴定色票等。

(1) 镜子:摆放位置应避免遮挡光线,影响判断。

(2) 白围布:遮住被鉴定者身上的服饰颜色,要可以盖至膝以下的位置。

(3) 发卡:将遮住面部和额头的头发均向后固定。

(4) 唇膏 (唇彩):符合春、夏、秋、冬四个季型的唇膏或唇彩,用于冷暖验证,即验证冷暖结果是否正确。

(5) 季型鉴定专用色布:色彩鉴定必需的专业工具 (见图 3-79)。季型鉴定专用色布共20 块,分为春、夏、秋、冬 4 组,每组 5 块色布 (粉、黄、红、绿、蓝)(见图 3-80)。色彩顾问可依据不同属性的色布,快速找出适合顾客的色彩群,为顾客正确的着装用色提供科学依据。

图 3-79　季型鉴定专用色布

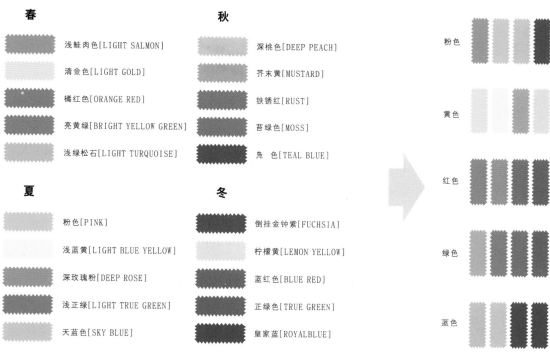

图 3-80　春、夏、秋、冬 4 组色布

（6）四季色彩识色用本：四季色彩理论专业工具（见图 3-81），里面包含了春、夏、秋、冬 4 个类型的色彩群，一般在色彩顾问为顾客进行色彩鉴定后讲解用色范围时使用，是顾客选择色彩的一个参照物。利用四季色彩识色用本能更快地识别色彩，便于色彩搭配。

（7）验证色布：用于色彩鉴定过程中的冷暖验证，采用金属色中极冷的银色和极暖的金色，强调或验证鉴定结果（见图 3-82）。

图 3-81　四季色彩识色用本

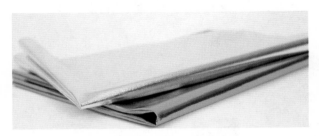

图 3-82　验证色布

(8) 色调鉴定专用色布：共包含 72 种颜色，分成 12 个色调，分别是 P(淡色调)、Itg(浅灰色调)、g(灰色调)、dkg(暗灰色调)、It(浅色调)、sf(柔色调)、d(浊色调)、dk(暗色调)、b(亮色调)、s(强色调)、dp(深色调)、v(原色调)，每个色调又分为红、橙、黄、绿、青、紫 6 个色相。色调鉴定专用色布 (见图 3-83) 用于季型鉴定测试后，帮助被鉴定者找到最适合的色调区域。

图 3-83　色调鉴定专用色布

(9) 肤色鉴定色票：包含 18 种常见的中国人肤色，用于色彩鉴定目测过程中，能辅助色彩顾问对顾客皮肤的明度、肤色色相作出判断 (见图 3-84)。

图 3-84　肤色鉴定色票

>>> 三、色彩鉴定流程

色彩鉴定流程如下：

(1) 与顾客沟通色彩鉴定相关问题，了解顾客的基本信息、色彩喜恶、用色现状等。

色彩鉴定实操

(2) 为顾客卸妆、整理头发，并用白围布遮挡顾客的上半身服装的色彩。

(3) 目测顾客的人体色特征，包括发色、肤色、眼珠的颜色。

(4) 使用肤色鉴定色票，判断顾客皮肤的色相与明度。

(5) 交替春季型和夏季型的色布，观察皮肤因色彩冷暖而产生的变化。

(6) 交替秋季型和冬季型的色布，观察皮肤因色彩冷暖而产生的变化，初步判断顾客的冷暖倾向。

(7) 使用冷暖口红和金银色布验证冷暖结果。

(8) 比较春、秋或夏、冬色布，交替色布并观察因色彩轻重而产生的变化，得出初步鉴定结果。

(9) 用色调鉴定专用色布确定顾客适合的色调，得出结果，并根据顾客的其他因素做调整。

(10) 为顾客讲解鉴定报告，进行专属色彩群和服饰色彩搭配规律分析及讲解。

第四节　服饰色彩搭配方法

在形象设计过程中，服饰色彩搭配需要依据色彩属性、人体色属性和着装场合进行分析，这样设计完成的形象才是完整的、科学的。因此，服饰既不能使用过多的色彩（会显得凌乱、复杂），也要避免使用单一色彩（缺少对比性）。在配色时，要遵循色彩搭配的平衡性、合理性。服饰色彩搭配方法有色相配色法、明度配色法、纯度配色法、色调配色法4种。

>>> 一、色相配色法

以色相环为依据，在24色色相环中，任取两色或两色以上的颜色组合在一起，因色相差别而形成的色彩对比现象，即色相配色。色相对比的强弱取决于色彩在色相环中的位置跨度，跨度越大，色彩对比越强，据此色相配色可细分为同一色相配色、类似色相配色、对比色相配色、补色相配色。

（一）同一色相配色

同一色相配色是指相同色相、不同明度、不同纯度的颜色进行搭配（见图3-85）。

优点：色相感统一，整体配色呈现出单纯、柔和、雅致、含蓄的视觉效果。

不足及措施：缺少变化，易产生单调、呆滞的感觉；可利用明度、纯度变化，弥补色相感。

（二）类似色相配色

类似色相配色是指色相环上相邻或相近的色相进行搭配（见图3-86）。其色相间隔1～3格，色相对比角度为60°左右，如红橙、黄绿、蓝绿等。类似色相配色是色相对比最小的搭配形式，但比同一色相配色丰富、活泼。

优点：色相过渡自然，层次丰富，变化和谐，整体配色呈现出雅致、柔和的视觉效果。

不足及措施：色相对比较弱，易产生单调、模糊、无力感；可加强明度、纯度变化，或运用小面积作对比色，或以灰色作为点缀色，增加色彩生动感、鲜明感。

（三）对比色相配色

对比色相配色是指色相环上跨度较大的颜色进行搭配（见图3-87）。对比色相间隔8～10格，色相对比角度为120°左右，属于强对比，如紫红色与黄绿色。

优点：配色效果强烈、醒目、饱满、明快、活泼并富有张力，服装色彩氛围时尚、稳重。

不足及措施：易引起杂乱、刺激感，易产生视觉疲劳；可运用色彩调和来改善对比效果。

（四）补色相配色

补色相配色是指色相环上间隔11～12格的色相进行搭配（见图3-88）。其色相对比角度为180°，属于最强对比，如红绿、黄紫等。

优点：配色效果鲜艳强烈，服装色彩清晰、艳丽、冲击力强烈。

不足及措施：易产生艳俗、不安、嘈杂感，服装色彩氛围不耐看；可运用色彩调和来改善对比效果。

图 3-85　同一色相配色　　　图 3-86　类似色相配色　　　图 3-87　对比色相配色　　　图 3-88　补色相配色

>>> 二、明度配色法

两种或两种以上的色彩依据高低不同的明度进行配色的方法，称为明度配色法，其关键是通过明度的差别形成色彩对比效果。明度配色是色彩搭配的一个重要方面，可以通过明度配色拉开服装色彩层次，充分表现服装搭配的立体感和空间关系。

按照色彩明度的等差色级数，可将明度划分为高明度、中明度、低明度 3 类。高明度色彩明朗、轻快，中明度色彩柔和、雅致，低明度色彩古朴、沉重。当不同明度的色彩对比时，高明度的色彩变得更亮，低明度的色彩变得更暗。

色彩的对比程度可分为长调（即色彩反差大的强对比）、中调（即色彩反差适中的中对比）、短调（即色彩反差小的弱对比）。

据此，明度可划分为 10 种：高长调、高中调、高短调、中长调、中中调、中短调、低长调、低中调、低短调、最长调。

明度配色可细分为高调色配色、中调色配色、低调色配色、最长调配色。

（一）高调色配色

高调色配色以高明度色彩为主，占配色面积的 60% 以上。高调色服装给人明亮、轻快柔软、明朗青春、高雅纯洁的感觉。高调色配色包括以下 3 种。

（1）高长调配色：强对比，适合需要展现自我的场合；以浅基调色为主，搭配小面积的深色或艳色。该配色的形象特点是清晰度高，具有刺激、明快、积极、活泼之感（见图 3-89）。

（2）高中调配色：中对比，适合较放松的休闲场合；以浅基调色为主，搭配小面积的柔色。该配色的形象特点是明亮、清晰，具有愉快、安定之感（见图 3-90）。

（3）高短调配色：弱对比，适合彰显温柔的场合，如约会场合、休闲场合等；以浅基调色为主，搭配小面积的浅色。该配色的形象特点是清晰度低，具有优雅、柔和、高贵、朦胧、女性化的效果（见图 3-91）。

图 3-89　高长调配色　　　　图 3-90　高中调配色　　　　图 3-91　高短调配色

（二）中调色配色

中调色配色以中明度色彩为主，占配色面积的 60% 以上。中调色服装给人朴素文静、素雅踏实的感觉。中调色配色包括以下 3 种。

（1）中长调配色：强对比，以浊色 / 艳色为主，搭配小面积的强对比色彩。该配色的形象特点是坚实、稳定、强有力，具有男性化效果（见图 3-92）。

（2）中中调配色：中对比，以浊色 / 艳色为主，搭配小面积的中对比色彩。该配色的形象特点是朴素、庄重且丰富饱满（见图 3-93）。

（3）中短调配色：弱对比，以浊色 / 艳色为主，搭配小面积的弱对比色彩。该配色的形象特点是含蓄、模糊，形象清晰度差（见图 3-94）。

图 3-92　中长调配色　　　　　图 3-93　中中调配色　　　　　图 3-94　中低调配色

（三）低调色配色

低调色配色以低明度色彩为主，占配色面积的 60% 以上。低调色服装给人沉重浑厚、神秘未知、强硬刚毅的感觉。低调色配色包括以下 3 种。

(1) 低长调配色：强对比，以深色为主，搭配小面积的艳色或浅色。该配色的形象特点是深暗而对比强烈、神秘奇幻、爆发力强、雄伟深沉，会有压抑苦闷之感 (见图 3-95)。

(2) 低中调配色：中对比，以深色为主，搭配小面积的浊色。该配色的形象特点是厚重、朴实、有力度，具有男性化特征 (见图 3-96)。

(3) 低短调配色：弱对比，以深色为主，搭配小面积的深色。该配色的形象特点是有分量感、忧郁沉闷、神秘孤寂、恐怖哀伤 (见图 3-97)。

图 3-95　低长调配色　　　　　图 3-96　低中调配色　　　　　图 3-97　低短调配色

（四）最长调配色

最长调配色属于最强明度对比，即最亮的颜色与最暗的颜色以 5∶5 的比例进行配色。该配色的形象特点是效果强烈、简洁等。无彩色中白色和黑色的配色及有彩色中黄色和紫色的配色就属于最长调配色 (见图 3-98)。

图 3-98　最长调配色

≫≫≫ 三、纯度配色法

两种或两种以上的色彩依据色彩纯度差别进行配色的方法，称为纯度配色法，其关键是通过色彩饱和程度的差别形成色彩对比效果。色彩纯度越高，服饰形象越引人注意，冲突性越强；色彩纯度越低，服饰形象越典雅朴素、安静、温和。在色彩搭配时，纯度对比是确定服装色调或华丽或高雅或朴素或含蓄的关键。恰当的纯度对比可以充分表现服装色彩的光感与美感，从而获得丰富的色彩搭配效果。

纯度配色可细分为同一纯度配色、类似纯度配色、对比纯度配色。

（一）同一纯度配色

同一纯度配色包括以下几种。

(1) 高纯度＋高纯度配色：颜色醒目、艳丽，但缺少高级感，不耐看 (见图 3-99)。

(2) 中纯度＋中纯度配色：颜色温和，呈现舒适、雅致、朴素的效果，明度相差较大时，对比度更大，时尚度更高，色彩层次更丰富 (见图 3-100)。

(3) 低纯度＋低纯度配色：呈现朦胧、单调、细腻、含蓄的效果，明度相差较大时，对比度更大，时尚度更高，色彩层次更丰富 (见图 3-101)。

图 3-99　高纯度＋高纯度配色　图 3-100　中纯度＋中纯度配色　图 3-101　低纯度＋低纯度配色

（二）类似纯度配色

类似纯度配色包括以下几种。

(1) 高纯度＋中纯度配色：颜色鲜亮，呈现生动、活泼、年轻、时尚的效果 (见图 3-102)。

(2) 中纯度＋低纯度配色：选色范围广，色彩过渡较和谐，呈现轻熟、知性、沉静的效果 (见图 3-103)。

（三）对比纯度配色

对比纯度配色主要指高纯度＋低纯度配色，其色彩层次丰富，对比度强，色彩搭配更具时尚感和吸引力 (见图 3-104)。

图 3-102　高纯度＋中纯度配色　图 3-103　中纯度＋低纯度配色　图 3-104　高纯度＋低纯度配色

四、色调配色法

色调配色法是指将具有某种相同性质的色彩进行搭配的配色方法。色调的不同取决于色相、明度、纯度的关系及面积的关联。色调配色可细分为同一色调配色、类似色调配色、对比色调配色。

（一）同一色调配色

同一色调配色是指将相同色调中的色彩进行搭配。同一色调中，色彩的纯度相同，明度具有共同性，明度按色相的不同会略有变化。同一色调配色的特点是易形成统一感、和谐感，更宜进行色彩调和；但当色相为对比关系时，会产生对比和变化。

（二）类似色调配色

类似色调配色是指将色调图中相邻或相近的两个或两个以上的色调进行搭配。类似色调配色的特点是色调统一且有变化，可搭配出纯粹、协调的层次美感，并且更容易搭配出高级感。

（三）对比色调配色

对比色调配色是指将相隔较远的两个或两个以上的色调进行搭配。进行对比色调配色时，明度和纯度相差较大，易造成鲜明的视觉对比，配色更跳跃、更时尚。例如，浅色调与深色调搭配，明暗对比强；鲜艳色调与浊色调搭配，纯度差异大。通过配成同一色相或类似色相的方式，可以减弱对比度，达到协调的配色效果。

088

思 考 题

1. 将中国传统色按照色彩的冷暖、轻重、华丽、质朴等情感特征进行分类，并制作成色谱。
2. 从"以人为本"的角度谈一谈人体色与服装用色的关系。
3. 浅析服饰形象搭配中，色彩、风格、场合三者的关系。
4. 结合形象设计师岗位谈谈色彩鉴定的流程。

服饰形象设计

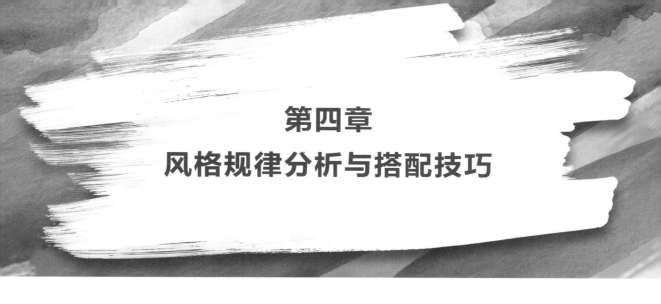

第四章
风格规律分析与搭配技巧

　　服饰作为时代变迁的直观反映，以其特有的角度，映照出了社会兴衰的历程和人类的生活风貌。从古到今，服饰在面料、制作方式上不断发生改变。不同地域的人在日常生活中也逐渐将自己对美的理解倾注到服饰的制作过程中。从古朴的秦汉服饰、洒脱的魏晋服饰、华贵的唐代服饰、雅致的宋元服饰到婉约的明清服饰，我们可以看到中国传统服饰辉煌的历史与风格。服饰风格在视觉上成为时尚与品质的重要组成部分，无论服饰的面料多么高端，色彩多么流行，如果风格不协调，就会给人以土气或无品位的感觉。服饰除了上下装，还有鞋、帽子、丝巾、提包、耳环、项链、胸针等配件，这些物品的审美与艺术品位，在某种程度上都受到风格的影响。

第一节　风格基础理论

时尚必看的九部电影

一、风格概述

　　风格无时无刻不在影响着人们的生活，衣、食、住、行的方方面面都与风格有着密切的联系，如千姿百态的服装、造型各异的建筑、不同风格的室内装饰及不同档次的汽车等。在当前这个大众审美觉醒的时代，人们在追求美的同时还希望能呈现自己的独特性。那么，什么风格的服饰与着装者的个性意趣相投？什么风格能提升着装者的品位与气质？针对这些问题，形象设计师仅凭经验和灵感是难以解答的。因此，必须认真学习专业的风格理论知识，灵活运用各种风格搭配技巧，将理性与感性结合起来，这样才能给消费者留下美好印象。

（一）风格的定义

　　大千世界，美不胜收。面对美的世界，人类总是期望把握美的规律，以便创造更多的美。风格是指独特于其他人的表现、打扮、行事作风等行为和观念。对于作家来说，风格是一个作家成熟的标志；对于色彩搭配师来说，风格类似于色彩学中的色调；对于服装设计师来说，风格是一个时代、一个民族或一个人的服装在形式和内容方面所显示出来的内在品格和艺术特色。对于个人形象来说，风格是指个人的性格特点、价值取向、生活习性和个人的审美意识，是每个人独特的个人自我见解和对服装和配饰的自我选择。总而言之，风格是指某类事物之间的共同特征，这种特征在该事物上占有主导地位。

服饰形象风格来源于生活，属于应用艺术领域。应用艺术类的风格是人们对身边所见之物的"外形上的共性特征"的一种约定俗成的描述性称号，是一种广义上的风格。服饰搭配风格与造型有关。物品的造型通过形状、颜色、材质三种特征来呈现。人们在看到一件物品时，首先注意到的就是形状和颜色，其次是材质，人们通过视觉将这三方面特征综合起来，就能形成不同的心理感受或联想，将这些感受进一步分类，就有了现代风格、古典风格、浪漫风格、自然风格等。著名的形象美学家于西蔓女士认为，把在色彩、比例、量感、形状、质感、节奏六方面都具有共性特征的事物放在一起，就形成了统一的风格。人物风格塑造的要点在于找到五官与身材独有的特征，并寻找与之具有相同特征的发型、服饰进行搭配。简而言之，决定一个人风格的因素有长相、身材、性格这三大因素，但起到关键决定作用的是脸部。每个人的五官给人的感觉都不一样，有的显得成熟，有的显得年轻，有的显得浪漫，有的显得严肃，有的显得安静，有的显得活泼等。

（二）时尚与风格

时尚与风格在美的世界经常被一起谈论，它们也是人们在谈论服装和着装时经常使用的词。所谓时尚，就是指在什么时间崇尚什么的态度。时尚有一个痛点，就是来得快、去得快。因此，时尚界流行一

时尚与风格　　　　　　时尚雷区

句话："时尚易逝，风格永存。"很多人认为时尚与风格难以区分，但时尚与风格不是同义词。时尚是指在某个时代崇尚什么的态度和规范。风格狭义地指个人的性格特点、习性和个人的时尚。在个人层面，风格不断地被改进以适应个人的身体和个性，而时尚就是根据流行去打扮。风格与时尚紧密相关，但时尚的人不一定具有风格，风格不一定要优雅或时尚，它是恰好专属于个人的东西，是与众不同的。

时尚与外在相关，它关注的是服装与外在是否匹配，是否被认为是时尚。时尚是非常灵活和多变的，这促使人们随着事物的发展不断地更换衣橱里的服装，甚至不断变换服装的廓形、色彩、图案、质地、配饰。风格与内在相关，它注重的是个人内在特质，即个人的感觉、社会角色、审美趣味、内在需求等，具有持久和永恒的特征。有风格的人没必要紧跟时尚，他们更加在意什么款式适合自己的体型，什么颜色能提升自己的气质，等等。他们懂得在个性与从众之间的平衡与取舍，懂得把身体的缺点弱化、优点强化。风格也是时尚的延伸，个体的风格与时尚的结合，可以呈现卓越的风度。

时尚紧跟流行，体现了人们心理上的满足感、刺激感、新鲜感和愉悦感。每一季、每一年时尚机构都会推出流行趋势与流行色彩，变化不定，难以捉摸，如果只跟随流行，最

终会失去自我。穿衣打扮的重点并不在于盲目追求流行，而在于穿出自己独一无二的风格，找到独特的自我。通过个人风格与服饰风格的统一，可以形成具有自己特色的、不随波逐流的风格。如何通过服装打造属于自己的风格呢？关键在于了解自身：我认为的自己，别人眼中的我，我希望别人看到的我。

（三）气质与风格

在时尚界流行着一种说法，即先有气质，再有风格，风格不对，气质白费。一个人的气质其实是一个人内在素质的外在表现，并非仅仅由外貌、穿着、举止等外在因素所决定，更多的是由其内在修养、思想、情感所决定。气质是一个人品德和修养的体现。那么，气质从哪里来呢？每个人的生活环境、接受的教育都会影响到气质，当然也会影响到她驾驭衣服的风格。例如《红楼梦》中形容林黛玉世外仙姝寂寞林，形容薛宝钗山中高士晶莹雪，形容妙玉气质美如兰，这些都是气质的区别。时尚先锋香奈儿着小黑裙、戴着珍珠项链的形象已深入人心，她呈现的是简约、独立、个性张扬的精神特质。奥黛丽赫本的着装，经典中透着优雅，她演绎的那些独立且有智慧的电影角色大多符合她本人的特质，她优雅的外在形象和温润的精神力量，共同构成了优雅风格。

>>> 二、风格属性的组成要素

人们对风格的把握主要来自物体造型的主要特征带给人的心理感受。这里的造型主要是指"型"，"型"是物体存在的基本要素，我们说的色彩也只有依附在一定的形体上才能表现出来。我们对物体"型"的认识主要是从物体的轮廓、量感、形态三个方面理解的，这三个方面对于我们从"型"上把握物体的共性和个性非常重要，也是风格属性的基本组成要素。

（一）轮廓

任一物体表面的外形都是由大量紧密排列的线条组成的，外形的边界或外形线称为轮廓，根据其边缘线的不同可分为直线型（见图4-1）、中间型（见图4-2）、曲线型（见图4-3）。在实际应用中，某一形象的"直"与"曲"通常是由它给我们带来的感觉是直线感还是曲线感决定的，直线感即硬朗、端正、直接，曲线感即圆润、柔和、委婉。

图4-1　直线型

图4-2　中间型

图4-3　曲线型

（二）量感

量感是指一种形态的饱满、充实程度，是对物体的大小、多少、长短、粗细、方圆、厚薄、轻重、快慢、松紧等量态的感性认识。量感是一种相对的尺度概念，而不是绝对的尺码值，在比较中被分为大量感（见图4-4）、中量感（见图4-5）、小量感（见图4-6)。涉及形象美学的量感和比例相关，比例是指物品是否均衡的一种定量概念。

图4-4　大量感　　　　　　图4-5　中量感　　　　　　图4-6　小量感

（三）形态

形态是指物品在一定条件下存在的样貌和表现形式，按照心理感受可以分为静态型（见图4-7）、中间型（见图4-8）和动态型（见图4-9）三种。这里的动静不是指运动和静止，静指给你的感觉是平静、平和、弱对比，动指给你的感觉是有变化、新颖、艳丽。

图4-7　静态型服饰　　　　图4-8　中间型服饰　　　　图4-9　动态型服饰

（四）物体的十二种风格

在目前追求个性的时代，每个人都想与众不同地展现自己的独特。各种各样的衣服换来换去，各种各样的发型换来换去，但想要用最擅长的风格去打造自己的形象，还要先从颜色、形状、图案、材质这几个方面去了解物体的十二种风格（见表4-1)，为更好地了解服饰的风格奠定美学基础。

表 4-1　物体的十二种风格

风格类型	颜　色	形状、图案	材　质
可爱	中高明度、鲜艳的（不限纯度），以暖色为支配色，以橙、黄为支配色相	小花朵、爱心、蝴蝶结图案；圆形、弧形，曲线型	柔软、轻巧（如棉布、绒布、泡泡纱）
罗曼	中高明度、纯度不限、偏冷，以淡蓝、粉紫为支配色	玫瑰、星星、羽毛等较轻盈、小量感的图案；心形、波浪形，曲线型	轻盈（如雪纺、丝绸、纱）
优雅	中高明度、中纯度、偏冷，以蓝色、紫色相为主	花朵、珍珠、蕾丝边、藤蔓图案；流线型、弧形、椭圆形，曲线型	细致柔和（如针织、羊毛、丝绸、雪纺）
迷人	中高明度、高纯度、对比配色、色相不限	亮片、宝石、羽毛、花朵图案；S形、弧形，曲线型	有光泽感、有一定的垂坠感
壮丽	中低明度、中高纯度、偏暖	大型花卉、几何图形、条纹图案；方形、菱形，直线型	厚重的、有光泽
俊秀	中高明度、纯度不限、偏冷，以蓝、紫为支配色，辅助无彩色	简洁线条、年轻化的图像、几何图案；菱形、方形，直线型	硬挺的、中性的（如棉麻）
前卫	明度不限、高纯度、偏冷、色相不限	锐利的图像、抽象图案、几何图形、不规则线条图案；不规则多边形、锐角三角形、折线，直线型	人工新潮的面料（如仿旧面料、化纤、PVC）
摩登	高纯度、明度不限、对比色相配色、冷色	抽象图案、几何图形、金属质感装饰图案；不规则多边形、锐角三角形、折线，直线型	金属的、触感冰冷的、有距离感（如皮革、化纤）
严谨	中低明度、中低纯度、同色系配色、偏冷	排列规整的图案、规整条纹、格子图案；矩形、平行四边形，直线型	高品质的、精细的（如精纺毛料、高织棉麻）
中性	中低明度、中低纯度，以蓝色为主，以无彩色为辅	硬朗线条图案、宽大的条纹图案、方格；三角形、方形、梯形，直线型	粗糙的、厚重的、坚挺（如帆布、牛仔）
雄壮	中低明度、中低纯度、不受色相限制	山峰、大型几何图形、粗线条图案；方形、菱形、环形，直线型	厚重的、粗糙的（如粗纺毛呢、厚棉麻、厚皮革）
自然	中低明度、中低纯度、暖倾向，以柔和的砂土色系、军旅常用的黄绿色系为支配色	树叶、花朵、民族元素、动物纹理图案；曲线、椭圆形、不规则弧形，直曲兼备	手工的、纯天然的、触感粗糙的（如棉、麻、柞蚕丝等亚光面料）

大多数服装设计者认为服装表达的三要素是色、形、质。为了更好地了解服装风格，在这里我们将服装风格拆解成四要素，即款式、面料、图案、色彩。下面，我们将结合风格属性的组成要素分析服装风格的四要素。

（一）服装款式的风格属性

服装款式的基本要素通常有衣领、衣袖、衣身、裙子、裤子等，接下来我们从轮廓、形态、量感三个方面来分析这些基本要素。

1. 衣领

衣领是服装的灵魂，是突出款式的重要部分，衣领接近人的头部，具有功能性的同时兼具装饰审美性。衣领的形状不仅能衬托人的脸部，还能自然形成一个视觉焦点，对我们的面部轮廓起到引导作用。精致的衣领不仅可以修饰穿着者的脸型、衬托服饰的质感，还能提升整体的品位与着装者的修养。具体来说，衣领的廓型同人脸和谐地配合，可以使脸部更为生动；衣领的造型同人物的风格相吻合，可以充分地表现人物的特点。因此，衣领一直是服装中较为重要的关键部位，"提纲挈领"可以用来说明领子与服装的关系。衣领也是服装中最富于变化的一个部件，在进行服装搭配时要考虑脸型、颈部特征、领型及服装的整体效果。接下来按照衣领的轮廓、衣领的量感以及衣领的形态来分析衣领的风格属性。

(1) 衣领的轮廓：按照衣领外轮廓线的直曲可以将衣领分为直线型衣领（见图4-10) 和曲线型衣领（见图4-11)。

图4-10　直线型衣领

图4-11　曲线型衣领

(2) 衣领的量感：按照量感即领口开度的大小可以将衣领分为大量感衣领、中量感衣领和小量感衣领。领口开得较低或较宽的是大量感衣领（见图4-12)，领口开得较小、较窄的是小量感衣领（见图4-13)。

(3) 衣领的形态：按照形态可将衣领分为动态型衣领（见图4-14)、静态型衣领（见图4-15) 和平衡态型衣领。

图 4-12　大量感衣领

图 4-13　小量感衣领

图 4-14　动态型衣领

图 4-15　静态型衣领

2. 衣袖

衣袖也是服装中较为重要的部件，它是根据人体上肢结构及其运动功能来造型的。人体的上肢是人体中活动最频繁、活动幅度最大的部分，它通过肩、肘、腕等部分的活动，带动上身各部位的动作发生改变。衣袖的造型变化是服装款式变化的重要标志，同时衣袖是女装中占较大面积的部件，在服装搭配的过程中不可忽视。比如严谨大方的服装风格多选用直袖，轻松温和的服装风格多选用灯笼袖、柠檬袖，优雅的服装风格多选用喇叭袖。

(1) 衣袖的轮廓：衣袖的直曲以肩与袖形成的角度以及袖子边缘的弧度为参考，衣袖的轮廓可以分为直线型 (见图 4-16)、曲线型 (见图 4-17) 和中间型。

图 4-16　直线型衣袖

图 4-17　曲线型衣袖

（2）衣袖的量感：衣袖的量感是由袖面的宽度，以及袖口的大小、宽窄、粗细、长短和裁剪来决定的，袖型宽大的衣袖称为大量感衣袖（见图 4-18），袖型窄小的衣袖称为小量感衣袖（见图 4-19）。

图 4-18　大量感衣袖　　　　　　　图 4-19　小量感衣袖

（3）衣袖的形态：衣袖的形态是由设计感决定的，其中设计复杂、夸张的称为动态型，设计简洁保守的称为静态型。

3. 衣身

衣身是覆盖于人体躯干部位的服装部件，关系到一件衣服的整体视觉效果，是服装结构变化的根本。衣身形态既要与人体曲面相符，又要与款式造型一致，故衣身是服装结构中最重要的组成部分。

（1）衣身的轮廓：可根据衣身上的分割线、外轮廓的曲直来区分衣身的轮廓，直线型衣身如图 4-20 所示，曲线型衣身如图 4-21 所示。

图 4-20　直线型衣身　　　　　　　图 4-21　曲线型衣身

（2）衣身的量感：衣身的面积、长度、厚重决定了衣身量感的大小，大量感衣身如图 4-22 所示，小量感衣身如图 4-23 所示。

（3）衣身的形态：衣身的面料以及装饰物决定了衣身的形态，设计复杂醒目的衣身偏动态型，设计简单的衣身偏静态型，动态型衣身如图 4-24 所示，静态型衣身如图 4-25 所示。

图 4-22　大量感衣身

图 4-23　小量感衣身

图 4-24　动态型衣身

图 4-25　静态型衣身

4. 裙子

裙子是人类历史上最早出现的服装样式，古人将一块兽皮围在腰间进行保暖和遮羞，这便是裙子的雏形。经过漫长的演变，现今裙子的款式千姿百态，裙子已成为魅力女性的专有服装。裙子的优点是穿着便利、通风散热，是女性夏季优先选择的服装款式。此外，裙子不受穿着者的年龄限制，不受季节限制。

(1) 裙子的轮廓：裙子是服装结构中最为简单的一种，裙子的直与曲参考裙子外轮廓的造型，直线型裙子如图 4-26 所示，曲线型裙子如图 4-27 所示。

图 4-26　直线型裙子

图 4-27　曲线型裙子

(2) 裙子的量感：裙子的量感可参考裙子的面积、长短，大量感裙子如图 4-28 所示，小量感裙子如图 4-29 所示。

图 4-28　大量感裙子　　　　　　　图 4-29　小量感裙子

(3) 裙子的形态：裙子的形态参考裙子的装饰物及整体效果，动态型裙子如图 4-30 所示，静态型裙子如图 4-31 所示。

图 4-30　动态型裙子　　　　　　　图 4-31　静态型裙子

5. 裤子

裤子作为下装较为主要的样式之一，包裹人体的腰、臀、腹并区分两腿。裤子的种类很多，常见的裤子有铅笔裤、哈伦裤、直筒裤、西裤、牛仔裤、喇叭裤、灯笼裤及背带裤等。

(1) 裤子的轮廓：裤子的轮廓主要参考裤子廓型的变化，直线型裤子如图 4-32 所示，曲线型裤子如图 4-33 所示。

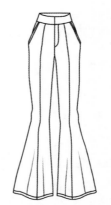

图 4-32　直线型裤子　　　　图 4-33　曲线型裤子

(2) 裤子的量感：裤子的量感要参考裤子的长度、宽度变化，大量感裤子如图 4-34 所示，小量感裤子如图 4-35 所示。

图 4-34　大量感裤子　　　　　图 4-35　小量感裤子

(3) 裤子的形态：裤子的形态主要参考裤子上装饰物的多少，装饰物多的、夸张的偏动态型，装饰少的、简洁的偏静态型，动态型裤子如图 4-36 所示，静态型裤子如图 4-37 所示。

图 4-36　动态型裤子　　　　　图 4-37　静态型裤子

（二）服装面料的风格属性

面料作为构成服装最主要的物质材料，具有举足轻重的作用，不同面料的服装会给人不同的生理感受和心理感受。例如，棉麻给人以宽松、自然舒适、柔软、放松的感觉，丝绸给人以华丽、富贵、柔顺、高档的感觉，蕾丝给人以朦胧、性感、神秘、优雅、迷人的感觉，雪纺面料给人以轻柔、飘逸、淡雅、舒适、时尚的感觉，皮革面料给人以硬朗、强势、成熟、冷静、张扬的感觉。从面料的风格属性来说，我们进行服装搭配的时候主要从软硬、薄厚、粗细这三种质感上做区分与选择。

1. 服装面料的轮廓

挺括的、硬的、不易起皱的面料属于直线型面料（见图 4-38），柔软的、光滑的服装面料属于曲线型面料（见图 4-39）。如皮革、牛仔、呢大衣面料都是偏硬的，所以是直线型面料；真丝、雪纺、蕾丝偏软，是曲线型面料。

图 4-38　直线型面料　　　　　　图 4-39　曲线型面料

2. 服装面料的量感

服装面料的量感主要参考厚薄、软硬、纹路。纹路粗犷的、具有厚实感的面料属于大量感面料（见图 4-40），有飘逸感的、轻薄的面料属于小量感面料（见图 4-41）。

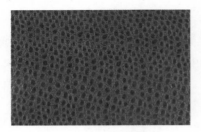 

图 4-40　大量感面料　　　　　　图 4-41　小量感面料

3. 服装面料的形态

服装面料的形态主要参考光泽、纹路、肌理。有光泽且纹路、肌理鲜明的服装面料属于动态型面料（见图 4-42），材质平滑、亚光、细腻的服装面料属于静态型面料（见图 4-43）。

图 4-42　动态型面料　　　　　　图 4-43　静态型面料

（三）服装图案的风格属性

服装的图案兼具实用性与审美性，不仅能体现服装的整体内涵，还能表现视觉形象的审美价值和人文底蕴。服装图案包括人物、场景、花卉、植物、动物、几何图案、抽象图案等，这些图案具有鲜明特点与个性特点，是表达不同风格必不可少的辅助元素。例如，我们会觉得小波点很可爱、大格子很霸气，蜡染很淳朴，这些特质都在强调风格的魅力。需要强调的是，服装中的图案必须和服装的款式、材质、功能相协调，这样才能有更好的视觉感受。

1. 服装图案的轮廓

图案也分直曲，呈现条纹、几何图形棱角感明显的图案为直线型图案（见图4-44），呈现花朵、圆点等的图案为曲线型图案（见图4-45）。

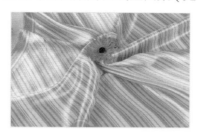 

图 4-44　直线型图案　　　　　　　图 4-45　曲线型图案

2. 服装图案的量感

服装图案的量感取决于图案的大小、对比。大对比、大花朵、大格纹等比例较大的、醒目的图案为大量感图案（见图4-46），弱对比、小花朵、小格纹等比例较小的图案为小量感图案（见图4-47）。

图 4-46　大量感图案　　　　　　　图 4-47　小量感图案

3. 服装图案的形态

服装图案的形态取决于颜色对比、大小对比以及排列给人的感觉。排列无序的、大的、不规则的图案为动态型图案（见图4-48），排列有序的、小的、规则的图案为静态型图案（见图4-49）。

图 4-48　动态型图案　　　　　　　图 4-49　静态型图案

（四）服装色彩的风格属性

服装的色彩在服装搭配中可正确、有力、清晰地表达意图，是极为重要的部分。不同的服装色彩给人不同的心理感受。色彩的冷暖、色彩的轻重、色彩的华丽与质朴、色彩的兴奋与沉静等都属于色彩的心理反应，同时也影响着风格。

1. 服装色彩的轮廓

色彩的直曲就是色彩的冷暖给人的感觉。冷色调给人距离感，为直线型色彩（见图4-50）；暖色调亲和、温暖且有活力，为曲线型色彩（见图4-51）。中性调，不冷不暖，为中间型色彩。

图 4-50　直线型色彩

图 4-51　曲线型色彩

2. 服装色彩的量感

色彩的量感是人们的一种心理感受，像物体一样有重量。一般来说，深色系的量感大于浅色系的量感，艳色系的量感大于浊色系的量感。颜色越浅，量感越小；颜色越深，量感越大。大量感色彩如图4-52所示，小量感色彩如图4-53所示。

图 4-52　大量感色彩

图 4-53　小量感色彩

3. 服装色彩的动静

色彩的动静感是指不同的色彩在视觉上可以令人产生动静不一样的视觉感觉。色彩的动静主要从冷暖上区别，暖色偏动，冷色偏静。对比度低的偏静，对比度高的偏动。高明度、高纯度的暖色有较强的动感，使人兴奋；低纯度的冷色则有静感，显得沉稳。动态型色彩如图4-54所示，静态型色彩如图4-55所示。

图 4-54　动态型色彩

图 4-55　静态型色彩

（五）配饰的风格属性

配饰不仅是身位地位的标志，而且还是彰显个性、传递心声的载体。一件精致的配饰，

服饰形象设计

可成为衣着的焦点，也可使简单的衣服或素色的衣服瞬间增添光彩。如果想正确巧妙地佩戴饰品，就要先了解配饰的风格属性。

1. 配饰的轮廓

配饰的直曲是按照饰物外轮廓线的直曲来区分的。有棱有角、线条锋利、给人感觉凌厉的配饰是直线型配饰（见图 4-56)，例如链条、方形等元素。有弧度、圆润、给人感觉柔和的配饰是曲线型配饰（见图 4-57)，例如圆形、花朵、蕾丝元素。

图 4-56　直线型配饰

图 4-57　曲线型配饰

2. 配饰的量感

配饰的量感主要从体积的大小来区分。粗的、大的属于大量感配饰（见图 4-58)，给人大气、醒目的感觉；细的、小的属于小量感配饰（见图 4-59)，给人可爱、小巧、玲珑的感觉。

图 4-58　大量感配饰

图 4-59　小量感配饰

3. 配饰的形态

颜色对比分明，夸张的、大的、异形的、不对称的、流线型的配饰为动态型配饰（见图 4-60)；颜色对比不强烈，中等大小的、精致的配饰为中间型配饰；颜色对比不强烈，小的、可爱的、精致的、方形的、圆形的配饰称为静态型配饰（见图4-61）。

图 4-60　动态型配饰

图 4-61　静态型配饰

>>> 四、人体风格的组成要素

个人风格的建立基于对自身的充分了解，因为只有了解自己的相貌、身材等条件，才能正确选择属于自己的服饰风格。人体是服装的支架，是展示服装魅力的根本，是判断服装适合与否的基本依据。掌握人体的风格特征并将设计感带入搭配中是形象设计师必备的基本素养。研究服装搭配前必须先研究人体造型方面的基本知识，人体可分为头部、上肢、下肢、躯干四部分，这四个部分是由骨骼、肌肉和皮肤构成的。影响人体风格的主要是面部、体型、性格，需要注意的是，身体线条的判断依据是脸型与体型线条的综合。

（一）面部的风格属性

人的面部在人体中所占比例不算大，但它是形象设计的重要依据之一。脸型可以决定发型、耳饰、帽子、眼镜等细节，也直接关系到衣服领型的选择，甚至对个人着装风格起决定性的作用。面部

直曲、量感、动静测试

的成熟度与年龄没有直接的关系，而是与人们与生俱来的脸型大小、五官大小、五官整体分散程度息息相关。有些人的脸天生显得成熟，有些人的脸天生显得年轻，这样的视觉差别来源于面部的轮廓、量感、形态。

1. 面部的轮廓

面部的轮廓是指脸部骨骼形状和五官线条的倾向性。直线型的脸部线条是有棱有角的，有细长的鼻子、高颧骨、高颊骨、方或尖的下巴以及菱形或长方形的脸型，整体给人理性、干练、硬朗的感觉（见图4-62）；曲线型的脸部线条是柔和平滑的，有圆圆的苹果肌、丰满的嘴唇以及椭圆、圆形、心形或梨形的脸型，整个人看起来感性、温柔、圆润（见图4-63）；介于直线型和曲线型之间的属于中间型（见图4-64）。

图 4-62　直线型

图 4-63　曲线型

图 4-64　中间型

2. 面部的量感

面部的量感是指脸部骨架的大小及五官在脸上所占比例的大小。大量感的脸部骨架大，五官整体比较大，给人沉稳大气的感觉（见图 4-65）；小量感的脸部骨架小，五官整体比例相对小巧、精致，给人年轻活泼的感觉（见图 4-66）；介于大、小量感之间的属于中量感（见图 4-67）。

图 4-65　大量感

图 4-66　小量感

图 4-67　中量感

3. 面部的形态

面部的形态是指脸的骨骼感及五官在脸上所呈现的线条感。动态型的脸给人热情、好动的印象，眼神活泼（见图 4-68）；静态型的脸给人自然、随和、性格内敛的感觉，眼神柔和文静（见图 4-69）；介于动态型和静态型之间的属于中间型（见图 4-70）。

（二）体型的风格属性

服装与人体有着直接关系，人体的外形，即体型，是指一个人与生俱来的骨架和形体轮廓，反映了人体的凸起、凹陷部位及形体特征。由于每个人的体质发育情况各不相同，在体型上就出现了高矮、胖瘦之分。如何巧妙地搭配服装以扬长避短并衬托出人体的自然美，首先要做的就是分析体型的轮廓、量感。

图 4-68　动态型

图 4-69　静态型

图 4-70　中间型

1. 体型的轮廓

体型的轮廓是指肩、胸、腰臀组成的整体身体骨架线条的倾向性。直线型身材的身体轮廓走势平直，呈明显的直线，肩、胸、腰臀尺寸对比不强，整体呈 H 形 (见图 4-71)；曲线型身材的身体轮廓是柔和平滑的曲线或明显的曲线，身材圆润，胸部和臀部丰满，腰线明显，身体的形状呈圆形、椭圆形、梨形 (见图 4-72)。

图 4-71　直线型身材

图 4-72　曲线型身材

2. 体型的量感

体型的量感根据身形骨架的大小、轻重、厚薄来判断，是构成人物风格的主要参考要素之一。骨架小、身高偏矮、偏瘦的是小量感（见图 4-73）；骨架宽大、身高较高、存在感强的称为大量感（见图 4-74）。

图 4-73　小量感体型　　　　　　　　图 4-74　大量感体型

（三）性格的风格属性

性格与风格息息相关，通常人的性格又与外貌比较相符，因此在判断风格时需要把性格因素考虑进来，对风格印象加以调整，从而确保表里如一。人的性格与举止、眼神、语气、语速有直接关系。例如，有的人利落干练，有的人优雅温婉，有的人眼神温柔宁静，有的人眼神咄咄逼人，有的人心直口快，有的人内敛含蓄。风格鉴定时要充分考虑这些性格特征因素，在风格判断过程中，在对面部、体型进行判断的基础上，再根据性格特征作出调整。心理学家认为性格即风格，有什么样的性格就有什么样的风格，人们的内心世界和性格特点，往往会影响他们对服装的选择。大部分性格内敛的人不愿意穿张扬的衣服。大部分性格外放的人不愿意穿保守的衣服。

（四）个人风格的分类

人们看到不同的颜色之后会产生不同的联想，同样，人们看到不同的"型"和一些"型"的规律性组合之后会产生不同的心理感受。当不同的"型"的特征组合出现在视野当中时，可用不同的形容词来描述它们带给人的印象和氛围。根据个人与生俱来的面部、体型、性格特征，将女士风格分为少女型、优雅型、浪漫型、自然型、古典型、少年型、戏剧型、前卫型。

(1) 少女型（小量感 + 曲线型）：可爱、甜美、圆润、天真、年轻、清纯（见图 4-75）。

(2) 优雅型（中量感 + 曲线型）：优雅、温柔、精致、有女性韵味、成熟（见图 4-76）。

(3) 浪漫型（大量感 + 曲线型）：华丽、夸张、迷人、有女性韵味、成熟（见图 4-77）。

(4) 自然型（中量感＋中间型）：随意、亲切、朴实、潇洒、成熟、直曲兼备（见图 4-78）。

(5) 古典型（中量感＋直线型）：端正、知性、精致、高贵、成熟（见图 4-79）。

(6) 少年型（小量感＋直线型）：帅气、干练、利落、中性化、年轻（见图 4-80）。

(7) 戏剧型（大量感＋直线型）：夸张、大气、醒目、有存在感、成熟（见图 4-81）。

(8) 前卫型（小量感＋直线型）：个性、时尚、标新立异、古灵精怪、年轻（见图 4-82）。

图 4-75　少女型　　　图 4-76　优雅型　　　图 4-77　浪漫型　　　图 4-78　自然型

图 4-79　古典型　　　图 4-80　少年型　　　图 4-81　戏剧型　　　图 4-82　前卫型

第二节　服饰风格与个人风格规律分析

　　了解服饰风格不仅要了解它产生的背景和基础，还要剖析它的搭配元素和构成方法。简而言之，不仅仅要知道美的形式——怎样搭配，还要了解美的内涵——生活态度。美不仅是时尚，还是风格；美不仅是获取，还是选择；美不仅是漂亮，还是适合。服饰风格规律的分析要先从认识基本服饰风格开始，再去匹配每种风格的人对应的服饰风格。

▶▶▶　一、认识基本服饰风格

　　服饰风格是一个时代、一个民族、一个流派的服饰在形式和内容方面所显示出来的价值取向、内在品格和艺术特色。为了更简单快速地理解服饰风格，我们从服饰风格的色彩、形状、材质、图案、经典单品、配饰几个方面总结了常见的 21 种服饰风格的特征 (见表 4-2)。

表 4-2　21 种服饰风格特征提炼

风格名称	色彩	形状	材质、图案	经典单品	配饰
田园风	绿色、米色、白色等淡色系	曲线	棉麻材质，碎花、格子、条纹图案	碎花裙、棉质花边裙、帆布鞋	天然材质的草帽、编织手袋、花朵发饰
朋克风	无彩色，暗红色	直线	皮革、金属材质，动物纹样、涂鸦、破碎图案	夹克、牛仔裤、马丁靴	铆钉手链、皮手环、渔网袜、骷髅头
学院风	藏青色、灰色、白色、褐色	直线	棉质、毛呢、灯芯绒材质，格子、条纹图案	学生制服、格子衬衫、条纹衫、百褶裙、西装裤	眼镜、贝雷帽徽章、牛津包、牛津鞋、乐福鞋、双肩包
波普风	高纯度的红色、黄色、蓝色、紫色，大胆的撞色	直线	人造皮革、人造化纤材质，大面积的花卉、字母、大横条纹	涂鸦 T 恤、牛仔裤、夹克	夸张的耳环、帽子、墨镜、运动鞋
中性风	黑色、白色、灰色、军绿色、卡其色等	直线	牛仔、皮革材质，条纹、格子、摩登图案	衬衣、西服、牛仔裤、风衣、马甲、背带裤、夹克	皮带、皮靴、领结、爵士帽、手表、哈雷眼镜
波西米亚风	宝石蓝、紫色、橙色等浓郁的色彩，色彩对比强烈	曲线	棉麻、丝绸材质，繁杂的花朵图案，民族印花图案	长及脚踝的大花裙子、披肩、民族风印花流苏裙	流苏包、大檐帽、水桶包、绑带鞋、头绳、流苏民族风耳环、各种皮革手串
洛可可风	柔和的粉色、白色、金色	曲线	丝绸、丝绒、蕾丝材质，荷叶边、蝴蝶结、花环、花朵图案	公主裙、宫廷裙上衣、蛋糕裙	珍珠项链、扇子、羽毛头饰、华丽的饰品、蝴蝶结
巴洛克风	深红、金色、墨绿等华丽浓郁的色彩	曲线	丝绸、丝绒、缎带材质，贝壳、涡旋图案	长袍、大圆裙、宫廷风裙	皇冠、宝石、华丽珠宝、珍珠
极简风	黑色、白色、灰色、米色等	直线、柔和曲线	棉麻、针织、混纺材质，纯色图案	白衬衣、T 恤、西装裤、宽松针织衫	极简手表、圆形耳环、耳钉、托特包
希腊风	贝壳色、白色、蓝色	柔和曲线	丝质、绸缎、纱质、褶皱材质，希腊神话图案	晚礼服、长裙、披肩	花环、珍珠项链、手工感的珠宝
哥特风	黑色、白色、暗红色、紫色	曲线	皮革、缎面材质，十字架图案	暗色的曲线感长裙、斗篷、披肩、紧腿裤、黑色网眼袜（透而不漏）	细带腰封、颈环、十字架项链、翘头鞋、骷髅银饰、长手套

风格名称	色　彩	形　状	材质、图案	经典单品	配　饰
解构风	黑色、白色、灰色，彩色拼接等，不限制具体色相	不对称的线条	牛仔、皮革材质，拼接图案	不对称裙子、开衩服饰、拼接外套	不限制
洛丽塔风	粉红色、白色等浅淡柔和的色系	曲线，多层次	棉、绸缎、纱质材质，碎花、波点、蝴蝶结、褶皱图案	蛋糕裙、公主裙	蝴蝶结、蕾丝手套、玛丽珍鞋
未来风	银色、黑色、白色、金属色系	直曲均可	金属质感材质，怪诞图案、几何图案、流线型图案	紧身夹克、金属裤子、紧身连衣裙	科技感眼镜、金属手环、手套、长靴、LED 耳环
帝政风	白色、象牙色、淡紫色及简洁色彩	曲线，线条飘逸	轻薄的棉或麻、丝绸材质，细腻的刺绣图案	低领且露肩的高腰长裙、窄袖短外套、束腰外套	长手套、宽腰带、珍珠项链
浪漫风	粉色、紫色、蓝色	曲线，轻盈飘逸	蕾丝、纱质、绸缎材质，花边、花卉图案	泡泡袖上衣、荷叶边上衣、灯笼袖上衣、紧身短裙、晚礼服	花朵发饰、珍珠耳环、帽子、蝴蝶结、缎带
中式风	大红色、墨绿色、黄色、紫色、金色	曲线	绸缎、织锦材质，梅、兰、竹、菊图案及龙凤图案	唐装、旗袍、中山装、马褂	扇子、玉佩、绣花鞋、中式耳环、发簪
可爱风	粉红色、粉蓝色、天蓝色、浅紫色、苹果绿、浅黄色	曲线	棉质、雪纺、针织材质，蝴蝶结、花边、波点、卡通图案	娃娃装、带蝴蝶结的连衣裙、宽松卫衣	蝴蝶结头饰、卡通首饰、彩色条纹袜、圆头娃娃鞋、运动鞋、彩色手环
职业风	黑色、白色、灰色、蓝青色、米色	直线	羊毛、聚酯纤维、真丝材质，细条纹、格纹图案	西装套装、白衬衫、西裤、简洁连衣裙	手表、项链、简洁耳环、皮鞋、手提包、丝巾
民族风	鲜艳的色彩,红色、黄色、蓝色	曲线和直线	棉、麻材质，刺绣、图腾、几何图形、蜡染、扎染图案	长裙、披肩、民族风外套	民族风耳环、发饰、丝巾、腰带、手镯、编织包
欧美风	大气、简洁的色彩,卡其色、黑色、白色	直线和曲线	毛呢、法兰绒、皮革材质，几何、波点、豹纹图案	马丁靴、机车皮衣、牛仔裤、小黑裙	宽边墨镜、耳环、帽子、大量感项链、罗马凉鞋

▶▶▶ 二、认识个人风格

　　个人风格是每个人自身散发出来的氛围和气质，是区别于其他人的个性标志，也是我们装扮的依据。个人风格来源于每个人的身材、相貌、人格、个性、品位、气质、职业、审美、生活环境等因素，具有强烈的时代感和地域、民族印记。在国际服饰行业，对于风格的划分已经形成了比较成熟的体系，根据中国人体型的轮廓、量感和形态的组合以及每个人的整体印象特征和个性气质，将中国女性的个人服饰风格划分为八大类别，具体介绍如下。

（一）少女型风格

少女型风格又称为甜美风格，这种风格的人看起来比实际年龄年轻，当她们穿上成熟的服装后，会出现自身个性与服装不匹配，因为她们甜美的面部和可爱的身材更适合表达甜美。图 4-83 展示了少女型风格人物面貌特征，图 4-84 和图 4-85 给出了两套少女型风格适合的搭配。

1. 少女型人体风格特征

(1) 面部特征：脸部轮廓圆润、脸庞偏小，五官稚气，骨骼不明显，小巧可爱。

(2) 身材特征：小量感、曲线型、圆润、小骨架、身材不高。

(3) 眼神特征：清纯、灵活、有神、明亮、轻盈。

(4) 性格特征：可爱、天真、活泼、单纯、好动。

(5) 风格形容词：可爱、甜美、圆润、天真、年轻、曲线型、小量感。

(6) 代表服装风格：田园风、瑞丽风、可爱风、洛丽塔风。

图 4-83　少女型风格人物面貌特征

2. 服饰基本特征

(1) 适合的色彩：轻盈、浅柔的清浅色，如粉红、粉紫、杏粉、黄色、糖果色系等。

(2) 适合的款式：偏小、偏短的，可爱的，曲线的，如公主裙、蛋糕裙、背带裙、百褶裙、七分裤、小开衫、连衣裙；适合灯笼袖、荷叶边、花瓣袖、泡泡袖、圆领、青果领、蕾丝、蝴蝶结等。

(3) 适合的材质：细、软、轻、薄的材质，如棉、麻、柔软的羊毛、兔毛、柔软的针织毛织类。

(4) 适合的图案：小巧细碎、稚嫩、简单的图案，如小圆圈、小花朵、小动物图案、小水滴等。

（5）适合的饰品：造型可爱的、甜美的、色彩柔和的饰品，如小花朵、蝴蝶结、心形图案、小动物、卡通字母等。

（6）适合的发型：短的直发、可爱的小卷发、马尾、麻花辫。

（7）适合的妆容：适合淡柔的妆，眼影用色浅亮，睫毛和嘴唇是妆容的重点。

（8）搭配要点：服装剪裁合体或略宽松，弱化身材曲线，不强调胸部、腰部、臀部，适合 A 字造型的上衣或裙子；在细节上多选用一些碎的褶皱或花边，装饰上多选用曲线型装饰，如飘带、蝴蝶结等。

（9）搭配回避：成熟的、随意的、夸张的、中庸的服饰风格。

图 4-84　少女型风格适合的搭配一　　　图 4-85　少女型风格适合的搭配二

（二）优雅型风格

优雅是永不褪色的美，优雅型风格的女性温柔雅致，飘逸又文静，淡定从容，特别适合穿裙装。图 4-86 展示了优雅型风格人物面貌特征，图 4-87 和图 4-88 给出了两套优雅型风格适合的搭配。

1. 优雅型人体风格特征

（1）面部特征：五官精致、线条柔美、曲线型、小中量感。

（2）身材特征：身材圆润、体型适中、轻盈，偏曲线型。

（3）眼神特征：文静、柔和、含蓄、散发女性气质。

（4）性格特征：温婉、优雅、内敛、成熟。

（5）风格形容词：含蓄、内敛、温婉、精致、有女人味、曲线型。

(6) 代表服装风格：淑女风、希腊风、洛可可风、韩系风。

图 4-86　优雅型风格人物面貌特征

2. 服饰基本特征

(1) 适合的色彩：浅淡的、柔美的、具有女性韵味的浅浊色，如柔和的紫色、粉色、白色等，对比度相对偏弱，中高明度、中低纯度，以冷色为主，适合渐变配色。

(2) 适合的款式：曲线剪裁、含蓄表达的，不要强化胸、腰和臀部；注重细节，裙装比裤装更适合；注意多用飘带、蕾丝、羊毛、雪纺、镂空面料，营造飘逸的氛围。

图 4-87　优雅型风格适合的搭配一

图 4-88　优雅型风格适合的搭配二

（3）适合的材质：轻薄、柔软、精致、有垂感的面料，如丝绸、雪纺、软皮、貂毛，运用面料塑造缓和自然的身体曲线，拒绝粗糙硬挺的面料，如丝、纱、棉麻、毛织。

（4）适合的图案：平和、静态的图案，如花草图案、圆点碎花、点状或水滴状图案、晕染的织物、小而纤细的图案等。

（5）适合的饰品：精致、典雅、轻盈、精细的，凸显女性气质的珍珠、金、银饰品。

（6）适合的发型：柔软的卷发，可披可盘，盘发要松散，拒绝粗糙、笨重、中性化。

（7）适合的妆容：干净、轻柔、精致，适合淡妆，强调睫毛，淡化眼影、口红。

（8）搭配要点：曲线型的、柔软的、有飘逸感的，含蓄地表现女性特征，如裙装、长款针织衫和长袍类。

（9）搭配回避：可爱的、随意的、直线感强的风格。

（三）浪漫型风格

浪漫型风格的人体态丰满，有风情万种的气质，比较适合能够展示曲线美的连衣裙，收腰、紧身的搭配也是比较吸睛的闪光点。图 4-89 展示了浪漫型风格人物面貌特征，图 4-90 和图 4-91 给出了两套浪漫型风格适合的搭配。

1. 浪漫型人体风格特征

（1）面部特征：曲线感强、面部圆润，没有棱角，妩媚、性感。

（2）身材特征：身材丰满、曲线型、性感、迷人、女人味十足，骨骼不明显。

（3）眼神特征：动态的、迷人的、朦胧的。

（4）性格特征：成熟、热情、夸张。

（5）风格形容词：华丽、夸张、迷人、女人味十足、成熟、曲线型、大中量感。

（6）代表服装风格：洛可可风、巴洛克风、浪漫风、中式风的旗袍。

图 4-89　浪漫型风格人物面貌特征

2. 服饰风格特征

（1）适合的色彩：适合艳丽的、明亮的色彩，粉色系是最能体现浪漫的色相。

(2) 适合的款式：华美的、曲线剪裁的服装，如大摆裙、鱼尾裙、花苞裙、皮草、华丽夸张的晚礼服；呈现多层次的花朵状，束腰的，有飘带、花边、碎褶元素的服装。

(3) 适合的材质：华丽、轻薄、透明、有光泽、细腻精致的面料，如丝绒、缎类、蕾丝、刺绣、真丝等。

(4) 适合的图案：具有浪漫感的图案，如女性化的花朵、大气梦幻的图案等。

(5) 适合的饰品：华丽繁杂的设计，曲线型的设计，适合钻石、水晶、宝石等。

(6) 适合的发型：曲线型的、柔软的、蓬松的发型，要有体积感、空间感和弹力感，如大波浪的卷发。

(7) 适合的妆容：用色不要过于浓艳，以迷人的眼妆、唇妆为重点。

(8) 搭配要点：体现曲线，给人成熟、华丽的感觉，如胸、腰、臀部服装包身或合体，领、袖、扣、摆等细节上多用蕾丝、飘带等女性化的细节，裙装比裤装更适合。

(9) 搭配回避：随意的、直线型的、可爱的服饰风格。

图 4-90　浪漫型风格适合的搭配一

图 4-91　浪漫型风格适合的搭配二

（四）自然型风格

自然型风格的人的脸型和身材比较均匀，可直可曲，可以驾驭的穿搭非常丰富，简单随性的穿搭更出彩。图 4-92 展示了自然型风格人物面貌特征，图 4-93 和图 4-94 给出了两套自然型风格适合的搭配。

1. 自然型人体风格特征

(1) 面部特征：亲切而自然、偏直线型、线条柔和。

(2) 身材特征：直线感、骨感、运动感强、偏高、有轻松感。

(3) 眼神特征：亲切的、随意的、坦诚的、没有距离感。

(4) 性格特征：随意、大方、朴实、洒脱、亲和力强。

(5) 风格形容词：轻松、平和、简单、大方、潇洒、自信、成熟。

(6) 代表服装风格：田园风、极简风、民族风、运动风。

图 4-92　自然型风格人物面貌特征

2. 服饰风格特征

(1) 适合的色彩：自然、柔和的色彩，不用过于艳丽的色彩。

(2) 适合的款式：廓形不明显的、简约的、松弛的，动感的，无拘无束的款式，如衬衫连衣裙、毛衣套头衫、开衫、牛仔裤、T恤衫等。

(3) 适合的材质：亚光的，自然光泽的，不刻意追求精致度，可以有明显肌理，如棉麻、毛料、呢子等天然纺织品。

(4) 适合的图案：几何图形、自然植物、民族类、动物类图案。

(5) 适合的饰品：木质的饰品、皮绳，古铜、亚银、贝壳饰品及藏饰等。

(6) 适合的妆容：以淡雅简单为主，不可过度修饰，避免突出口红和眼影的色彩。

(7) 适合的发型：以直发为主或似有似无的卷发，多层次的碎发，随意的披肩发，松散的马尾，头发整体要多些动感。

(8) 搭配要点：直线型的、简约的、质朴的、具有民族风味的，随意而亲切，可加入时尚元素。

(9) 搭配回避：可爱的、华丽的、复杂的服饰风格。

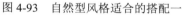

图 4-93　自然型风格适合的搭配一　　　　　图 4-94　自然型风格适合的搭配二

（五）少年型风格

　　少年型风格的人具有偏柔和的俏丽感，其干练洒脱、简洁清爽，眉宇间自有一股英气，中性化的打扮更能衬托她们独具一格的女性魅力。图 4-95 展示了少年型风格人物面貌特征，图 4-96 和图 4-97 给出了两套少年型风格适合的搭配。

　　1. 少年型人体风格特征

　　(1) 面部特征：面部轮廓分明、五官立体、直线感强。

　　(2) 身材特征：直线感明显、中性化，多为 H 形身材。

　　(3) 眼神特征：明亮、活泼、年轻、锐利。

　　(4) 性格特征：好动、直率、干练、理智。

　　(5) 风格形容词：帅气、干练、利落、中性化、年轻、直线型、中小量感。

　　(6) 代表服装风格：中性风、运动风、未来主义风。

　　2. 服饰风格特征

　　(1) 适合的色彩：高明度、纯度不限，明快的有韵律感的色彩，如蓝色、黄色、绿色。

　　(2) 适合的款式：直线感强的剪裁，帅气干练的服装，如卫衣、马甲、T 恤衫、靴裤、背带裤、短外套、夹克、背心、牛仔衣；适合立领、小西服领、鸭舌帽、肩章、贴袋等。

　　(3) 适合的材质：硬挺的、厚重的面料，如化纤、皮革、牛仔布、条绒等。

　　(4) 适合的图案：直线感强的图案，如条纹、格纹、字母、建筑、几何图形等。

图 4-95　少年型风格人物面貌特征

（5）适合的饰品：有直线感、别致感的饰品，如金属质感的金、银、铜饰品，以及皮革类饰品等。

（6）适合的发型：短发、超短发，长发以直发为主，可扎马尾。

（7）适合的妆容：淡妆，强调眉毛、眼部妆容，用色理性，可用无彩色。

图 4-96　少年型风格适合的搭配一

图 4-97　少年型风格适合的搭配二

（8）搭配要点：直线剪裁，突出帅气干练的形象，多以裤装为主，多运用中性设计元素，用简洁的方式表达女性化味道；如果使用 X 形的服装廓形，要求廓形明确，面料挺括且有一定硬度，并不强调精致感。

(9) 搭配回避：多褶皱的、华丽的、中庸的、保守的、松散的服饰风格。

（六）前卫型风格

前卫型风格的人比较叛逆冷峻、与众不同、个性鲜明，所以穿衣风格比较大胆，不常规、不寻常的款式更适合她们。图 4-98 展示了前卫型风格人物面貌特征，图 4-99 和图 4-100给出了两套前卫型风格适合的搭配。

1. 前卫型人体风格特征

(1) 面部特征：脸部线条清晰、棱角分明、中小量感、五官精致、有个性、时尚。

(2) 身材特征：骨感、小骨架、小量感、直线型。

(3) 眼神特征：锐利、有个性、高冷、有距离感。

(4) 性格特征：有个性、前卫、活泼、有创造性。

(5) 风格形容词：有个性、时尚、标新立异、古灵精怪、年轻、中小量感。

(6) 代表服装风格：朋克风、波普风、街头风、哥特风。

图 4-98　前卫型风格人物面貌特征

2. 服饰风格特征

(1) 适合的色彩：鲜艳的、有视觉冲击力的色彩，也可以大量运用无彩色；即使是春季型人，对前卫型风格的人来说，黑色也是非常好的表现色。

(2) 适合的款式：牛仔衣裤、超短上衣、超短裙、皮服、靴裤；适合立领、单肩袖、斜裁、混搭、多拉链、多口袋、紧身、露背、露脐、不对称设计的衣服等。

(3) 适合的材质：高科技面料、闪光涂层面料，能体现未来感、金属感的面料。

(4) 适合的图案：直线型的、不对称、反传统的图案，如几何图案、不规则的字母、文字排列、动物纹、人物等。

(5) 适合的饰品：造型独特的、流行的饰品，材料可以多种多样，装饰的位置可以是反传统的。

(6) 适合的发型：紧密跟随流行趋势，注重时尚和造型感、反常规的设计。

(7) 适合的妆容：醒目、鲜明且时尚，化妆重点在眼睛，强调对比，如烟熏妆、彩色眼影等。

(8) 搭配要点：时尚、反传统、与众不同、流行、高科技的服饰，款式要新颖、别致，装扮要和流行趋势紧密结合，每年每季都需做调整。

(9) 搭配回避：中庸的，缺乏时尚、浪漫的服饰风格。

图 4-99　前卫型风格适合的搭配一

图 4-100　前卫型风格适合的搭配二

（七）古典型风格

古典型风格的女性给人端庄正统的印象，正装、旗袍都是特别适合这类人的服装。图 4-101 展示了古典型风格人物面貌特征，图 4-102 和图 4-103 给出了两套古典型风格适合的搭配。

1. 古典型人体风格特征

(1) 面部特征：五官端庄、三庭五眼符合比例、精致。

(2) 身材特征：身材匀称，以直线型为主。

(3) 眼神特征：真诚、正义、稳重。

(4) 性格特征：保守、传统、低调、内敛、理性。

(5) 风格形容词：端庄、典雅、精致、高贵、成熟、直线型、中大量感。

(6) 代表服装风格：英伦风、学院风、职业风、古典风。

图 4-101　古典型风格人物面貌特征

2.服饰风格特征

(1) 适合的色彩：淡雅的、干净的、偏理性的色彩，如蓝色、灰色等纯度低的色彩等。

(2) 适合的款式：直线剪裁的、做工精良的服装，如一步裙、毛衫、开衫、职业装、套装、连衣裙、旗袍、大衣、风衣、直筒裤等。

(3) 适合的材质：精致的、高级的、挺括的面料。

图 4-102　古典型风格适合的搭配一

图 4-103　古典型风格适合的搭配二

（4）适合的图案：排列整齐、均匀的中小图案，如方格、条纹等。

（5）适合的饰品：传统、精致、贵气的饰品。

（6）适合的发型：修剪整齐、一丝不苟、精心打理的发型。

（7）搭配要点：适合剪裁合体、缝制精美的职业套装，日常服装不强调曲线，可强调腰线，领口不要太低，装饰要少，面料要高档。

（8）搭配回避：流行的、随意的、可爱的、过分夸张的服饰风格。

（八）戏剧型风格

1. 戏剧型人体风格特征

戏剧型风格的人给人大气摩登的感觉，第一印象是很有气场，不适合穿过于幼稚的服装。图 4-104 展示了戏剧型风格人物面貌特征，图 4-105 和图 4-106 给出了两套戏剧型风格适合的搭配。

（1）面部特征：直线型、中大量感、五官大气、夸张。

（2）身材特征：身材高大、骨感强、直曲均有、体型高大、有气场。

（3）眼神特征：有力度、有感染力、成熟。

（4）性格特征：存在感强、夸张、大气。

（5）风格形容词：夸张、大气、醒目、有存在感、成熟、直线型、大量感。

（6）代表服装风格：欧普风、欧美风、巴洛克风。

图 4-104　戏剧型风格人物面貌特征

2. 服饰风格特征

（1）适合的颜色：鲜艳的、饱满的、有视觉冲击力的颜色，可以大量运用黑白色。

（2）适合的款式：皮草、大脚裤、裙裤、宽的翻边裤、紧身牛仔裤、风衣、大衣；适合大西装领、戗驳头领、披巾领、翻边袖、扇袖、宽腰带、流苏。

（3）适合的材质：有弹力的、悬垂的、硬挺的、毛织的面料，如编织、皮革等。

（4）适合的图案：大图案，图案对比度强，如大尺寸的几何图案、抽象图案、动物皮纹，适合夸张华丽的表现手法。

（5）适合的饰品：大的、醒目夸张的饰品，饰品越靠近脸部越大，饰品可以是有亮光的、华丽的，如大耳环、多层项链等。

（6）适合的发型：长发、短发、直发、卷发都可以，但要突出夸张感和量感，不适合紧贴头皮的发型，适合大波浪、超高的发型，发髻要大。戏剧型风格的人切记要突出个性，拒绝平庸。

（7）适合的妆容：强化五官，强调立体感，用色浓重夸张。

（8）搭配要点：服装突出个性、成熟、大气，可强化领部、腰部的造型，可穿尺寸略大的服装，身材好的可以穿包体的服装，可用华丽性装饰元素营造出夸张、大气、醒目且富有存在感的整体造型。

（9）搭配回避：中庸的、不成熟的、可爱的服饰风格。

图 4-105　戏剧型风格适合的搭配一

图 4-106　戏剧型风格适合的搭配二

>>> 三、个人风格坐标图

为了便于理解八大风格，将个人风格以量感大小、轮廓直曲为标准设计成坐标图的形式，如图 4-107 所示。

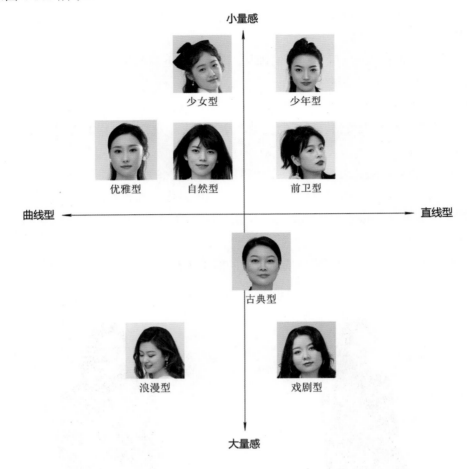

图 4-107　女士八大风格坐标图

>>> 四、男士个人风格规律

男士个人风格规律与女士个人风格规律的逻辑与美学基础是一样的，在这里做简单分析。结合人体"型"的特征的分析，我们将男士风格归纳为六大类：阳光前卫型、新锐前卫型、自然型、古典型、浪漫型、戏剧型。

(1) 阳光前卫型：年轻感、个性、古灵精怪、富有朝气、有活力、可爱。

(2) 新锐前卫型：年轻感、另类、时尚、尖锐、叛逆、标新立异、线条锐利。

(3) 自然型：成熟、亲切、随意、潇洒、大方、柔和、自然。

(4) 古典型：成熟、端庄、正统、高贵、严谨。

(5) 浪漫型：成熟、华丽、夸张、性感、柔和、量感大。

(6) 戏剧型：成熟、夸张、大气、醒目、时尚、存在感强、线条硬朗。

男士个人风格坐标图如图 4-108 所示。

（一）阳光前卫型

(1) 风格形容词：时尚、个性、调皮、可爱、年轻。

(2) 人体型特征：面部线条明朗，五官偏小，小骨架身材，活泼可爱，调皮幽默。

(3) 服饰细节：在领、袖、扣等细节部位表现当季流行元素；适合小领口、多粒扣或拉链式西服；适合尖角领、小立领衬衫；适合多兜牛仔裤、紧身上衣、时尚休闲装。

(4) 色彩：对比色彩组合搭配，适合具有视觉冲击力的鲜艳色彩。

(5) 面料：适合棉、毛、各类皮革及闪光硬挺的化纤面料。

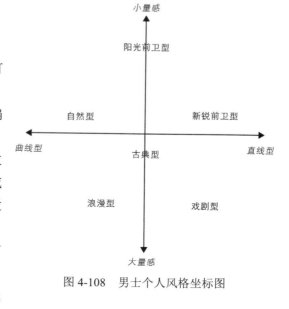

图 4-108　男士个人风格坐标图

(6) 图案：适合个性化或可爱的几何形条纹、格子、小动物及抽象类图案。

(7) 配饰：适合造型时尚、独出心裁的饰品；适合各种造型独特、装饰感强的鞋类；适合斜挎包、双肩包、多袋包、硬质或闪光材质的包。

(8) 发型：适合当季流行的发型。

适合的服饰穿搭如图 4-109 所示。

图 4-109　阳光前卫型风格适合的穿搭

（二）新锐前卫型

(1) 风格形容词：个性、锐利、时尚、标新立异、年轻。

(2) 人体型特征：面部轮廓线条分明，五官个性立体，身材比例匀称，骨感，小骨架。

(3) 服饰细节：在领、袖、扣等细节部分表现当季流行元素；适合小戗驳头领、多粒扣、合体收身的西服套装；适合尖领、立领或非常规式样的衬衫；适合个性时尚的领带。

(4) 色彩：适合极具时尚感、前卫感的色彩，善于使用无彩色和金属色。

(5) 面料：适合皮革、硬挺的化纤面料，以及闪光的、各种流行的新型面料。

(6) 图案：适合不规则的条纹、格子、怪异的动物类、抽象的几何形等个性化图案。

(7) 配饰：适合造型怪异、时尚感强的饰品；适合造型独特、光泽感强的鞋和公文包。

(8) 发型：适合个性化、时尚感强的发型及发色。

适合的服饰穿搭如图 4-110 所示。

图 4-110　新锐前卫型风格适合的穿搭

（三）自然型

(1) 风格形容词：亲切、随意、成熟大方、可信赖。

(2) 人体型特征：面部线条相对柔和，神态轻松自然，身材健硕，有运动感。

(3) 服饰细节：西装造型要简单大方，且不适合套装；适合上下身分开搭配或敞开衣扣穿着；适合方领、宽角领或有领尖扣领型的衬衫；领带适合几何形、条纹、格子、自然植物纹样、不规则圆点类图案。

(4) 色彩：适合柔和色调的色彩。

(5) 面料：适合天然质感、无强烈光泽感的面料。

(6) 图案：适合条纹、边缘粗糙的几何图形、民族图案或自然花草。

(7) 配饰：适合造型简单、有异域风情的饰物；鞋包造型要简洁大方，皮质要柔软。

(8) 发型：适合自然随意或带有运动感的发型。

适合的服饰穿搭如图 4-111 所示。

图 4-111　自然型风格适合的穿搭

（四）古典型

(1) 风格形容词：成熟、稳重、端正、严谨、精致。

(2) 人体型特征：面部线条适中，五官端正、精致，体型匀称适中，给人以高贵与正式感。

(3) 服饰细节：适合做工精良、剪裁合体的传统样式西装，宜穿三件套西装；适合方领、标准领或立领衬衫；领带需整齐、规则。

(4) 色彩：适合偏理性的色彩，如灰色、深蓝、蓝灰、米色、驼色等。

(5) 面料：适合挺括的精纺毛料、丝织物、针织物和细腻的软皮革等。

(6) 图案：适合规则排列的圆点、条纹、格纹。

(7) 配饰：适合精致而高贵的饰物；适合样式经典、做工精良、质量上乘的皮鞋；适合方方正正且大小适中的公文包。

(8) 发型：适合规矩整齐的三七或四六分发型。

适合的服饰穿搭如图4-112所示。

图4-112　古典型风格适合的穿搭

（五）浪漫型

(1) 风格形容词：夸张、大气、成熟、华丽、性感。

(2) 人体型特征：面部与五官线条柔和、轮廓不硬直，眼神柔和性感，身材成熟饱满。

(3) 服饰细节：适合做工精良、垂感好的西服套装；适合标准领、领扣领、立领、翼领衬衫；适合花形、漩涡形等曲线感或有华丽图案的领带。

(4) 色彩：适合鲜艳、饱和、华丽的色彩。

(5) 面料：适合光泽感强、柔软而华丽的面料，如真丝、精纺、羊绒等。

(6) 图案：适合花朵、水波纹等曲线感强的图案。

(7) 配饰：适合夸张华丽的饰物；鞋面可多装饰，且款式线条要柔和，皮质要柔软；适合多华丽扣饰的皮包。

(8) 发型：长短卷直均可，但一定要夸张；卷发中大波浪更适合；柔软蓬松的发型中，卷发和长发较合适。

适合的服饰穿搭如图4-113所示。

（六）戏剧型

(1) 风格形容词：夸张、大气、醒目、成熟、引人注目。

(2) 人体型特征：面部轮廓线条分明、硬朗，五官夸张立体，存在感强，身材看起来比实际身材高大。

图 4-113　浪漫型风格适合的穿搭

（3）服饰细节：适合欧式宽大西装，大开领、大双排扣等；适合大方领、大尖角领衬衫；适合夸张的大条纹、大格子图案、抽象类图案的领带。

（4）色彩：对比色彩组合搭配，适合高纯度色彩。

（5）面料：选择幅度宽，既适合粗纺面料，也适合高档大量感皮革。

（6）图案：大图案、抽象的几何图形、动物、建筑、花卉均可。

（7）配饰：适合造型独特、装饰感强、引人注目的饰物；鞋、包可选择当季流行的款式，其上可有夸张的装饰。

（8）发型：长短卷直均可，但一定要夸张，如背头、发辫等。

适合的服饰穿搭如图 4-114 所示。

图 4-114　戏剧型风格适合的穿搭

服饰风格的搭配需以个人风格为依据。东西方服饰文化展现了不同的审美价值，但都深入解读了服饰与人体的关系。在欧洲文明的发源地古希腊，人们把强健的人体看成一切善与美丽的根本，认为"人是万物的尺度"，该价值取向决定了古希腊服装成为展现人体美的衬托品。中国传统文化的核心是"天人合一"的哲学思想，中国的服饰文化注重形的内涵，注重纹饰和线形的寓意，这使得服装成为象征礼仪、道德的重要载体。服装的轮廓应以人体的轮廓为基础。因此，在个人着装风格的判断过程中，应把服装风格与着装者的特征结合起来，着装者应根据自身的面部特征、体型特征、量感、气质等个人属性进行选择、搭配、取舍、协调，以符合自己的形体、气质、色彩等，从而找出最适合个人的着装风格、发型、图案、剪裁、妆容等装扮细节。

服饰是以人的着装来体现它的形态的。人具有一定的体积，这使得服装的外形呈现空间立体的形态，所以服装也是一种空间视觉艺术。著名的服装设计师克里斯汀·迪奥在论述服装与人体的关系时，认为服装是以人体为基准的立体物，只有通过人的穿着才能形成它的生命力与美感。"人衣合一"的最佳状态就是人体风格与服饰风格的和谐统一。怎样才能达到和谐的效果？怎样才能做到搭配得当？具体来说，服装搭配要以人体体型为根本，五官和体型的轮廓、量感、形态要与服饰的轮廓、量感、形态平衡，同时兼顾着装者的内在需求、场合需求、个性需求，这样才能达到人体风格与服饰风格的浑然一体、高度统一，从而形成和谐的美。

第三节　个人风格鉴定

前面分析了服装风格的属性、人体风格的属性，想要准确地判断一个人具有哪种服饰风格倾向，首先要分析人与人之间长相、身材、性格的差异及共性元素，然后利用工具诊断出风格的类型，最后再提供风格的搭配方案。

>>> 一、个人风格鉴定方法

（一）个人风格鉴定方法介绍

个人风格鉴定方法包括排除法、形容词分析法和工具法。

(1) 排除法：分析顾客人体"型"的特征，从人物轮廓的直曲、量感的大小、表情的动静分析排除掉与人体"型"特征不匹配的风格。

(2) 形容词分析法：找出人体"型"的特征，与风格形容词对照，进而判断出人的服饰风格。

(3) 工具法：通过专用的款式风格鉴定工具，在余下的几种风格中找出最接近的服饰风格进行匹配。

（二）鉴定工具介绍

个人风格鉴定有一套专业的工具，包括款式鉴定布、服装领型实用工具、款式风格鉴定报告。

1. 款式风格鉴定布

款式风格鉴定布（见图4-115），用于款式风格诊断过程中，能带来不同的视觉及心理感受。最典型的款式风格鉴定布总共10块，包括八大风格，是针对中国大众而研发的，可协助色彩顾问对被诊断者的风格进行判断。

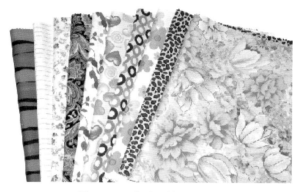

图4-115　款式风格鉴定布

2. 服装领型实用工具

服装领型实用工具（见图4-116）依据领型直曲的不同视觉心理感受划分出八大风格款式领型，确保风格诊断的准确性，在领型工具的辅助下，可轻松找出顾客适合的服饰轮廓、量感、形态。

图4-116　服装领型实用工具

3. 款式风格鉴定报告

款式风格鉴定报告（见图4-117），是专为顾客在形象设计课程中的款式风格诊断环节所打造的。它不仅规范了整个诊断流程，还提供了翔实的诊断依据，报告中简洁的文字和直观的图片示例，让诊断结果更加通俗易懂，从而使顾客可以深入了解自己的五官、身材以及个人气质，从而找到最适合自己的服装款式和搭配风格。

图 4-117　款式风格鉴定报告

>>> 二、个人风格鉴定流程

（一）准备阶段

个人风格鉴定流程

（1）准备人体"型"特征概览和女士服饰风格分类坐标图，旨在为顾客提供一个直观的理解框架。

（2）准备款式风格鉴定布，以便于向顾客详细阐述不同图案款式适用的风格。

（3）准备服装领型实用工具，借助这一工具更精准地进行顾客的轮廓分析和量感评估，从而找出最适合顾客的领型范围。

（4）准备人体轮廓诊断依据表（见表 4-3）、人体量感评估依据表（见表 4-4），以及人体形态诊断依据表（见表 4-5），为后续的诊断工作奠定坚实基础。

表 4-3　人体轮廓诊断依据表

部 位	直 线 型	曲 线 型
脸型	方正、有线条感，如长方形、方形、三角形、菱形脸	圆润、有柔和感，如圆形、椭圆形、梨形、心形脸
眉毛	没有弧度，眉峰突出	有弧度，眉峰弱化
眼睛	上眼睑形状呈直线条，单眼皮较多	眼睛又圆又大，双眼皮
鼻子	立体高鼻梁	无立体感，鼻头有肉
嘴巴	唇峰明显	唇峰柔和、圆润
颧骨	骨感、轮廓立体	圆润、几乎看不出来
眼神	坚定有力、有距离感	温柔亲切、柔和妩媚
身材	没有腰身，平肩，下腹部宽，躯干长、臀部窄、胸线低，整体身材呈 H 形	有明显的腰身、柔和的肩线、浑圆的胸部、浑圆的臀部，胸线高，腰细，腿部有弧度，整体身材呈 S 形
性格	直率、大方、不拘小节，中性化	温柔、内敛、含蓄、羞涩，女性化

表4-4　人体量感评估依据表

部　位	大 量 感	小 量 感
面部五官	五官大气，眼睛、鼻子、嘴巴偏大	五官比例精致，眼睛、鼻子、嘴巴偏小
面部轮廓	脸部饱满、较大	脸部精致、较小
眼神状态	成熟、犀利	灵动、温柔
身材特征	高、重、大、胖，手腕大于16.5 cm，脚踝大于23 cm	低、轻、小、瘦，手腕小于14 cm，脚踝小于20 cm
性格特征	活泼、直爽	内敛、柔弱、表现力弱

表4-5　人体形态诊断依据表

部　位	动 态 型	静 态 型
面部五官	五官立体大气、比例非均衡，五官对比强、骨骼感强	五官不立体、比例相对均衡，五官对比弱、骨骼感适中
眼神状态	灵动、有力度、活力张扬	宁静、端庄、柔和低调
性格特征	活泼、直爽、表现力强	内敛、柔弱

（二）目测阶段

(1) 讲解款式风格基本原理。

(2) 与顾客交流，了解其年龄、职业、喜好、性格，观察面部、眼神、身材，进行直曲、量感和成熟度分析。

（三）鉴定阶段

(1) 为顾客围好黑围布，用直曲领型工具进行直曲分析，再用大直、小直或大曲、小曲进行量感分析。

(2) 把不同款式鉴定布交替放在面部下方三次，观察轮廓、量感、成熟度，得出适合的图案倾向。

(3) 运用服装领型实用工具，依次比较领型并结合风格氛围词仔细分析，得出适合的剪裁倾向建议，为顾客讲解款式鉴定报告。

(4) 用款式风格鉴定布及服装领型实用工具，进行综合造型、整体分析，得出初步鉴定结果。结合顾客年龄、职业、喜好等综合因素对鉴定结果进行调整，得出最终鉴定结论。

（四）讲解阶段

(1) 讲解女性服饰风格规律诊断原理及依据，依据女性个人服饰风格规律讲解各种风格类型的人的面部与身材特征。需要说明的是，大多数人的脸型融合了直线与曲线两种线条，因此在判断脸型的时候，需结合脸部外形和五官特征来仔细分析自己的脸型是偏直线，还是偏曲线，五官特征是偏直线，还是偏曲线。同时，还会评估顾客体型的量感大小，量感较大的人适合选择厚重质感的衣料与配饰，而量感较小的人则更适合轻薄材质的衣料与配饰。此外，我们还会分析人体"型"的形态是偏动态，还是偏静态。

(2) 为顾客讲解款式风格鉴定报告，针对鉴定结果给出搭配方案，包括适合的妆容、发型、服装、配饰、鞋子等。

>>> 三、个人着装风格的形成历程

着装风格的形成基于日积月累的审美观念和实践经验。人体"型"的特征是与生俱来的，但着装风格却是个体内心世界、情感状态及审美偏好的外在展现。风格的形成，首先要对个人外形有深刻的认识，理解身材的优势与短板，其次是了解自己的性格，是想表达低调还是张扬，选择能够突显个人特色的服饰单品。与此同时，培养对美的敏锐感知，这样才能更好地探索自我、定位自我、表达自我。从最初穿着个人喜爱的服饰，到逐渐认识到哪些款式更适合自己，再到最终掌握运用何种风格能够精准无误地表达自我，这一系列转变标志着个人着装风格的逐步确立。值得强调的是，只有个人面部风格、身材风格、性格这三者都很明确，才能真正找到最适合自己的着装风格。

（一）风格需探索

每个人的成长过程中都伴随服饰变迁的印记，小时候父母决定了孩子"穿什么""如何穿"，父母依据他们自己的个人喜好与经济状况为孩子选择衣服，孩子被动地接受。大多数人开始工作，有了稳定的经济来源后，依然是被动地选择衣服，而不是主动探索，这是因为此时他们还没有进化到理解如何匹配服饰穿搭与内在需求、社会规则的关系。例如，有些人工作时需要穿正装，却终日与休闲服装为伴，有些人明明四十岁了，却还穿着少女装，等等。当人们开始意识到自己的穿搭失误影响到生活质量的提升、意识到形象管理的重要性的时候，才开始去探索什么服装适合自己，什么服装不适合自己，在不断买错、试错的过程中，人们终于开始有了探索服饰审美的意识和行动。

（二）风格需要取舍

为什么总有人觉得自己找不到适合自己的风格，因为此时他们还处在各种尝试的状态中。找到适合自己的风格意味着要懂得取舍，通过对服装的取舍明白自己的独特之处并让自己区别于他人。当我们探索到某类服饰适合我们且我们也喜欢时，我们就会放弃那些不适合我们的服饰。在这个阶段，很多人会反复尝试甚至摇摆不定，在从众与出众中纠结，此时我们需要更多的勇气去选择适合自己的。不妨反思一下，在我们的服饰穿搭成长过程中，我们是什么时候确定我们喜欢并且适合我们的穿搭元素的。从喜欢到坚持，再到对外界形成记忆，并能衬托自己的特质，此时风格才算明确了。

（三）风格需要雕琢

形成并拥有某种风格的过程，其实就是认识自己的特质，了解自己的独特优势，接纳自己的不足，完善并放大自己的独特的优势，弱化并弥补自己的不足，雕琢自己的独特魅力，

成为真正的自己，实现外在与内心的合二为一。风格的雕琢是风格的优化和细化，我们只需要"扬长"即可"避短"。大多数人也许会困惑，一旦确定了个人着装风格，是不是就不能尝试其他风格？其实建立个人风格并不是限制自己，而是为自己的穿衣品位打牢根基。如果连自己的基础风格都没有，盲目地追求突破与尝试是不可能有理想的结果的。如果你已经经历了探索、取舍并形成了与自己风格匹配的服装元素和款式，你就可以进入风格的雕琢和突破期，结合你的场景来变化着装。

思 考 题

1. 简述时尚与风格的关系。
2. 以图文并茂的形式为身边 6～8 位朋友做风格诊断。
3. 找出每种风格的明星代表人物及不同场合的穿搭方案，以 PPT 形式在课堂上分享。
4. 写出整体风格诊断的流程。

第五章
体型规律分析与搭配技巧

服饰形象设计的主体是个人，因此必须准确定位个人基础条件，这样才能设计出符合个人与大众审美的良好形象。体型作为个人基础条件之一，直接影响个人服饰形象设计的准确定位，在整体形象设计中起着基础性作用。健康的体型与体态会给人以一定的美感，在一定程度上能够更好地塑造整体服饰形象；对于稍有缺陷的形象，则可以通过准确的分析、评估与多种修饰手法，达到扬长避短的塑形效果。

第一节　体型规律分析

＞＞＞　一、体型概述

体型美的关键在于人体骨骼、肌肉正常发育并形成良好的比例。根据世界卫生组织关于成年健康人体的定义，男性身高 (cm) 减去 80，再乘以 70%，可得到标准体重 (kg)；女性身高 (cm) 减去 70，再乘以 60%，可得到标准体重 (kg)。在骨骼结构方面，男性和女性也存在显著差异，男性的骨骼通常更为粗壮和坚固，以适应更强的体力活动和力量需求；女性的骨骼则相对较为轻巧。此外，骨骼的密度和强度也会随着年龄的增长而发生变化。在脂肪分布和肌肉发达程度方面，不同的脂肪肌肉比例会形成不同的体型特征。在肌肉的线条和弹性上，适度的肌肉锻炼不仅能够塑造出优美的身体曲线，还能够增强身体的代谢功能，提高免疫力。在比例方面，标准的"黄金比例"被认为是美学上的理想比例，这种比例能够带来视觉上的和谐与平衡，让人感受到一种自然的美感。体型美还与体态、皮肤的健康状况密切相关。良好的体态，光滑、有弹性的皮肤，不仅能够让人显得更加自信，还能够帮助人们展现出一种自然的美感。

体型不仅反映了个体的健康状况，还与遗传、环境和生活方式密切相关。例如，不同种族和地理区域的人们在体型上有着明显的区别。因此体型美不仅仅体现在外在的轮廓上，更蕴含着健康与活力的内在表现。一个理想的体型，往往能够反映出一个人的生活习惯、饮食结构以及运动频率。在现代社会，人们对体型美的追求不仅仅是为了外表的美观，更是为了整体的健康和生活质量的提升。

>>> 二、常见体型

标准体型即人类理想体型，指的是身体各部位匀称而平衡。具体而言，肩部与臀部比例匀称，腰部曲线恰到好处，三围曲线优美流畅。此体型的显著特点是三围之间比例恰当，胸围与臀围尺寸大致相等。女性标准体型图如图 5-1 所示。

通常，个体会呈现不同的体型特征，那么如何对体型进行判断与分类呢？常见的分类方式是以人体正面的肩围、胸围、腰围、臀围这四个重要指标为基础，用 A、H、X、O、Y 五个字母代表五种不同的体型。其中，肩围指的是两肩点之间一周的长度，胸围指的是经过胸部最高点 (BP 点) 一周的水平长度，腰围指的是围绕腰部一周的长度，臀围指的是围绕臀部最丰满处一周的长度 (见图 5-2)。

图 5-1　女性标准体型图

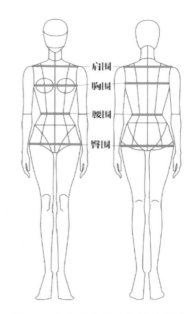

图 5-2　人体维度测量位置示意图

(1) A 型体型，即亚洲女性常见的梨形体型，主要判断标准是肩围小于臀围 5 cm 以上。梨形身材的特征为肩窄、腰细、髋宽、大腿丰满，脂肪主要沉积在臀部及大腿，状似梨形。

(2) H 型体型，又称矩形体型，主要特征为全身脂肪分布均匀，腰线不明显，肩部、腰部与胯部正面宽度相当，同时肩、胸、腰、臀围差异不大，颈部、背部有少量脂肪沉积，大腿根部没有空隙，臀部不论从正面或侧面观察都没有较大弧度变化，整体身材偏扁平，缺乏曲线感。

(3) X 型体型，又称沙漏形体型，主要特征为胸部、腿部、腰部、臀部肌肉都凹凸有致，胸部较为丰满且臀部圆润，肩宽与胯宽基本一致，腰围远小于肩围、胯围，四肢匀称有力。X 型体型是最为理想的一种女性体型。

(4) O 型体型，主要是由大量脂肪、赘肉堆积在腰腹部引起的，像"O"的形态。其特征表现为腹围大于胸围和臀围，身体上半部健壮，如胸、背处较为厚实，且腰腹部突出、浑圆、较宽，臀部丰满，而下肢修长纤细。一般情况下，O 型身材可由天生骨骼走向引起，也可随生活习惯（如高热量饮食、久坐）而慢慢形成，更年期女性也会因雌激素失调而出现这一体型。

(5) Y 型体型，又叫作草莓体型，主要特征为肩宽、背厚、臀窄且上臂较粗（可能是经常锻炼肩背部肌肉所致，也可能是上臂脂肪堆积较多）。Y 型体型的人上半身虽壮，但腰腹部赘肉不多，腿部也比较紧实、修长。

>>> 三、局部体型与修饰

（一）局部体型

体型美还需要不同身体部位的形态优美。身体部位包括头部、颈部、肩部、胸部、手臂、手部、背部、腰腹部、臀部、腿部、脚部等细节部位。一般来说，女性身体不同部位有各自的判断标准。

1. 头部

女性头部的一般判断标准为：外形端正，与身材比例适中；五官端正且富有个性特征，一般以鹅蛋脸型为美；通常，肩宽与头宽的比例为 2∶1；肩宽与头长的比例为 1.75∶1。女性头部参考示意图如图 5-3 所示。

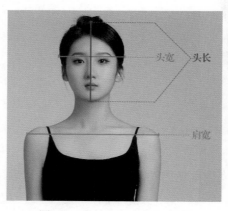

图 5-3 女性头部参考示意图

2. 颈部、肩部、胸部

女性颈部的一般判断标准为：两侧线条优美挺拔，对称且比例适中；血管不显露且皮肤有弹性；颈高一般为头长的 1/2。女性肩部的一般判断标准为：两肩对称，肩颈衔接处丰满圆润；不前塌，不后耸，肌肉有力度且有弹性质感；没有明显棱角，肩颈曲线优美。女性胸部的一般判断标准为：两侧胸部大小、位置、形状基本一致；两胸高点（即 BP 点）相距 16～20 cm，胸部挺拔。女性颈部、肩部、胸部参考示意图如图 5-4 所示。

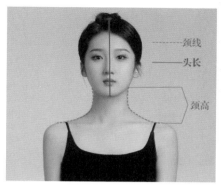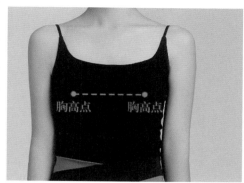

图 5-4　女性颈部、肩部、胸部参考示意图

3. 手臂、手部

女性手臂的一般判断标准为：上臂长为 4/3 个头长，小臂长为 1 个头长；皮肤细腻有弹性，肌肉柔软有力。女性手部的一般判断标准为：皮肤光滑有弹性，指甲健康、干净卫生；骨节发育正常，手部轮廓清晰。女性手臂、手部参考示意图如图 5-5 所示。

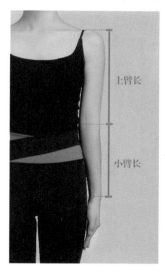

图 5-5　女性手臂、手部参考示意图

4. 背部、腰腹部、臀部

女性背部的一般判断标准为：背部肩宽适中，肌肉有弹性且线条优美；肩背部骨骼对称，骨骼肌肉线条廓形和谐。女性腰腹部的一般判断标准为：腰部有曲线感，腰围和臀围的比例在 7∶10 左右；腹部紧凑平坦且有肌肉线条。女性臀部的一般判断标准为：丰厚圆润，臀部整体呈上翘曲线；胸围和臀围的标准比例在 9.5∶10 左右。女性背部、腰腹部、臀部参考示意图如图 5-6 所示。

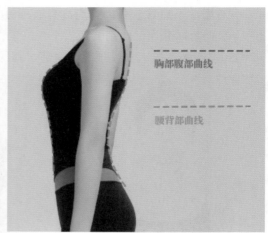

图 5-6　女性背部、腰腹部、臀部参考示意图

5. 腿部、脚部

女性腿部的一般判断标准为：大小腿骨骼长度、形态、围度比例适中；肌肉线条流畅、脂肪肌肉层分布均匀；腿部皮肤健康、紧实。女性脚部的一般判断标准为：脚趾和脚掌的骨骼、形态比例适中，无病变、肿胀；脚指甲颜色红润、有光泽，脚趾腹和脚底颜色红润。女性腿部、脚部参考示意图如图 5-7 所示。

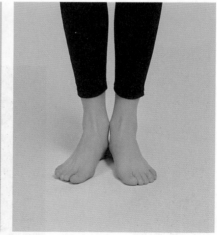

图 5-7　女性腿部、脚部参考示意图

（二）局部修饰

女性的身材多种多样，不同身材有各自的优势和不足。在掌握了体型判断标准和规律后，我们就可以通过修饰局部体型来达到视觉上的平衡和美感。

1. 头颈部修饰

(1) 颈部较短时，可采取以下修饰技巧：选择 V 领、水滴领、大衣领等领型；简化肩部装饰；使用较长的装饰性耳坠或项链；使用较短的或挽起的发型 (见图 5-8)。

图 5-8　颈部较短的修饰

　　(2) 颈部较长时，可采取以下修饰技巧：选择圆领、高领等领型；采用装饰性肩部造型；使用短耳钉或耳环、项链或颈链；采用披肩发、蓬松的刘海等发型；通过丝巾等装饰颈部（见图5-9)。

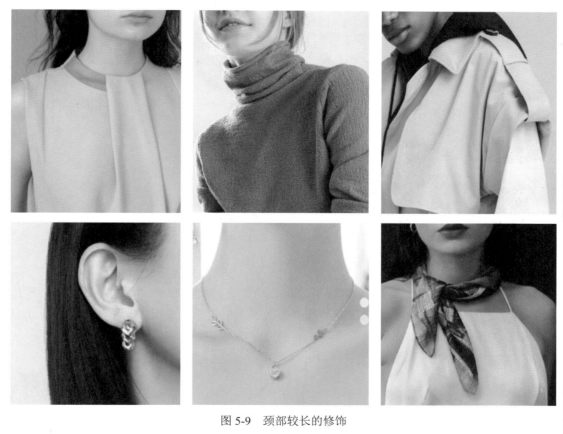

图 5-9　颈部较长的修饰

2. 肩部修饰

　　(1) 溜肩、窄肩的修饰技巧：增加肩部横向装饰；选择上浅下深的服装色彩；减少臀部装饰（见图5-10)。

图 5-10　溜肩、窄肩的修饰

(2) 端肩、宽肩的修饰技巧：选择无明显肩部分割造型线的服装；减少肩部装饰；适当展现较夸张的臀部曲线 (见图 5-11)。

图 5-11　端肩、宽肩的修饰

3. 胸部修饰

(1) 胸部曲线感较弱时，可采取以下修饰技巧：选择胸部有装饰性面料、图案、颜色的服装；上身服装通过叠穿、运用分割线等方式展现层次感；选择收紧腰部的款式；选择修饰胸部的内衣款式；佩戴长款项链 (见图 5-12)。

图 5-12　胸部曲线感较弱的修饰

(2) 胸部偏大或外扩时，可采取以下修饰技巧：选择轻薄且有支撑性的内衣；选择服装时应尽量避免过于复杂的胸部造型、花纹及图案设计；外套选择宽松且有纵向线条修饰的款式 (见图 5-13)。

图 5-13　胸部偏大或外扩的修饰

4. 手臂修饰

(1) 手臂较粗时，可采取以下修饰技巧：选择单色或深色上衣；选择上宽下窄的长袖型设计；选择透明薄纱面料的袖子款式；选择宽松的袖型，如蝙蝠衫、披风等；减少泡泡袖等膨胀肩部的设计款式；选择袖侧缝线有条纹或垂线的图案造型 (见图 5-14)。

图 5-14　手臂较粗的修饰

(2) 手臂过细时，可采取以下修饰技巧：肩部采用硬挺质感或镂空面料；肩部袖子采用蓬松宽大款式的设计；选择一字领、船领等肩胸一体的领型；选择有膨胀感和装饰性的分割线的款式或立体造型；在肩臂部分可多层叠穿；利用肩部、胸部饰品丰富造型 (见图 5-15)。

图 5-15　手臂过细的修饰

5. 腿部修饰

(1) 腿部较粗时，可采取以下修饰技巧：大腿部分较粗时可选择膝盖上下长度的 A 字裙，小腿过粗时可选择脚踝上下长度的长裙；选择深色且合体的下装；选择直筒款型的下装；搭配高跟鞋或装饰性高跟皮靴；下装的颜色与鞋的颜色一致；利用饰品或夸张造型将视线聚焦到上半身（见图 5-16）。

图 5-16　腿部较粗的修饰

(2) 腿部较细时，可采取以下修饰技巧：选择宽松、具有粗糙肌理感及印花图案装饰的长款裤装；选择具有横条纹元素等的有膨胀感的下装；采用裤装叠穿的方式；选择装饰性较强的下装与鞋靴 (见图 5-17)。

图 5-17　腿部较细的修饰

6. 腰部修饰

　　(1) 腰部较粗时，可采取以下修饰技巧：不要穿收腰明显的衣服，多选择 H 廓形、A 廓形的上装；不要穿腰部有装饰物、褶皱、横向条纹图案的上装或连衣裙，适当选择肩部加宽、下摆宽阔的服饰或有垂线纹样、斜裁线条装饰的裙装 (见图 5-18)。

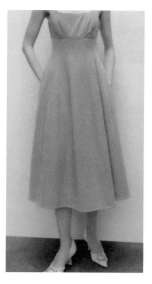

图 5-18　腰部较粗的修饰

　　(2) 修饰腰线的技巧：不要穿上下明显分割的服饰，尤其是低腰造型的服饰，可选择连体装、高腰款服饰；勿宽松着装，应以高束腰为基本造型，采用上半身短款、下半身长款的搭配形式，拉长下半身比例；选择设计感、造型性强的上衣，下半身则选择简单同色的款式 (见图 5-19)。

图 5-19　腰线的修饰

7. 腹部修饰

　　腹部凸出肚腩时，可采取以下修饰技巧：上半身穿突出胸部、肩部的服饰，选择有装饰感、造型感、设计感的款型；选择没有明显收腰的宽松版型的服饰或带有纵向皱褶的上衣，其下摆部分自然放开，呈 H 廓形或 A 廓形；穿有印花图案、垂线图案或纹理的上衣；通过叠穿的方式弱化腹部焦点 (见图 5-20)。

图 5-20　腹部的修饰

8. 臀部修饰

(1) 宽臀的修饰技巧：上衣要强调肩部线条，可选择左右不对称的款式或有斜裁造型线的款式，以突出肩部、弱化臀部线条；下装选择纯色或竖向线条纹样的服饰；可以通过套装或连体款式强调腰部；通过叠穿的形式展现层次感，弱化臀部视觉宽度；通过装饰颈部造型、肩线、胸部造型来弱化下半身的线条感 (见图 5-21)。

图 5-21　宽臀的修饰

(2) 提高臀线的造型技巧：通过搭配高跟鞋来加强腿部的视觉长度；可采用高腰线剪裁的裙装或裤装套装；可以弱化束腰，采用腰部造型简单、色彩鲜亮的上装并搭配单色或深色系的下装 (见图 5-22)。

图 5-22　提高臀线

(3) 窄臀的修饰技巧：选择臀部有横向剪裁线条、装饰物、皱褶线或夸张造型的下装及连体服装；勿选择 H 廓形的服装、直筒裙等缺乏造型感的服饰；选择有收腰阔臀效果的款式或腰部以公主线方式剪裁的服饰；下装部分应选择挺括的面料 (见图 5-23)。

图 5-23　窄臀的修饰

>>> 四、体态分类

（一）标准体态

人体标准体态 (见图 5-24) 是指理想的身体姿势和形态，这种体态不仅体现了身体的对称性和平衡性，还反映了一个人的健康状况和生活质量。标准体态的表现如下：头部直立，耳朵与肩膀处于一条垂直线上，双肩自然下垂，保持水平；肩胛骨向后收紧；脊柱呈现颈部前凸、胸部后凸、腰部前凸和骶骨后凸；骨盆中立，双腿直立，膝盖微屈，避免过度内扣或外翻；双脚平放于地面，保持与肩同宽的距离，以提供稳定的支撑；身体的左右两侧基本保持对称，给人以健康向上、端正、肢体舒展之感。

图 5-24　标准体态参考图

（二）不良体态

不良体态包括圆肩、驼背、探颈、骨盆前倾和骨盆后倾（见图 5-25）。

(1) 圆肩、驼背、探颈。圆肩是指两侧肩关节向前突出，从而导致肩膀走形并呈半圆形。驼背是一种较为常见的脊柱变形状态，是胸椎后突所引起的形态改变，多见于年老脊椎变形、坐立姿势不正、有脊柱炎等疾病的人群。能够被纠正的驼背称为活动性驼背，不能被纠正的驼背称为固定性驼背。探颈指颈椎曲度由正常的"C"形变为向正前方斜出的"I"形，从侧面看像是头部向前方探出，因此探颈又被称为"头前引""乌龟颈"等，常见于久坐少动和缺乏运动的人群。

(2) 骨盆前倾（又叫作反向体态）。正常站立时，骨盆的位置是处于中立位的。当骨盆前倾时，骨盆口会向前倾斜。日常生活中很多穿高跟鞋的女孩及经常跷二郎腿的人会在不知不觉间出现骨盆前倾。骨盆前倾的表现包括挺肚子、撅屁股。造成骨盆前倾的主要原因是髂腰肌过于紧张，持续维持在收缩状态，或腰部持续紧绷收缩。

(3) 骨盆后倾。骨盆后倾的表现是背部弯曲，腹部较为突出，脖子向前倾斜，身体呈 S 形且缺乏自然的正常曲线；如果从侧面看骨盆，就会发现骨盆的前部比后部高，这种体态给人病态、颓丧感。骨盆后倾会导致腹部的肌肉紧张，下背部肌肉被拉长而变得松弛，这样臀部的线条就会下移，从而影响美观，而且会让腰椎原有的曲度变小，容易造成腰疼。

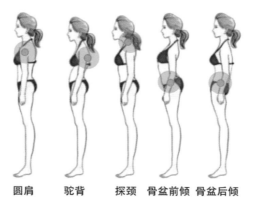

圆肩　　驼背　　探颈　骨盆前倾 骨盆后倾

图 5-25　不良体态参考图

第二节　体型鉴定

一个人的体型不仅关乎个体的健康、外在形象，还影响自信心的建立。我们可以使用体型评定量表工具来对体型进行科学的鉴定。

▶▶▶ 一、体型自测量表

进行体型自测或为顾客测量体型时需要以下基本数据：肩围、胸围、腰围、臀围、上臂围、大腿围、小腿围。有了这些基本数据的支撑后，就可以结合身材外观与判断标准来判断不同的体型，具体如表 5-1 所示。

表 5-1 体型自测量表

判断类型	体型 / 体态	判断标准或方法
体型判断	A 型体型	臀围超出肩围 5 cm 以上
	H 型体型	肩围、腰围、臀围基本相等
	X 型体型	肩围、胸围、臀围基本相等；肩围超出腰围 20 cm 以上且臀围超出腰围 5 cm 以上
	O 型体型	臀围超出肩围 5 cm 以上且腰围超出肩围 20 cm 以上
	Y 型体型	肩围超出臀围 5 cm 以上
体态问题判断	驼背、探颈	俯卧于床上或地垫上，用双手抚摸背部，两手分别放于腰部最低处和背部最高处。若双手完全不在同一水平面上，即存在较为明显的高度差，则有驼背的风险。从侧面观察颈椎，若颈椎的中线与下巴水平面夹角不大于 90°，则正常；若角度大于等于 90°，则有探颈的风险
	骨盆后倾	从侧面看骨盆，骨盆的前部比后部高
	骨盆前倾	自然仰卧于地垫上，双腿收回，大腿屈髋约 45°，双脚着地，用手探腰部位置是否贴实地面，若腰部与地面间有明显缝隙，手可探入腰下脊柱的位置，则可能为骨盆前倾

>>> 二、体型测量实操示范

精准测量的艺术

（一）测量步骤

正确的测量顺序与步骤能够更加准确地展现个人的体型特征。只有了解体型，才能在搭配服饰中凸显体型中的优点，隐藏或补救缺点与不足。

(1) 测量前准备。准备一个软皮尺，要求被测者穿着舒适贴身的衣服（如打底裤搭配吊带背心），在开始测量前需要脱掉内衣，自然站立。

(2) 测量肩围。皮尺经过两肩点并横向水平围绕一圈（如果大臂上端宽于两肩点，则测量两臂最宽处的水平围度），所得数据即肩围。测量时，应保持皮尺水平（可由旁边的人协助或对镜观察检测）。

(3) 测量胸围。皮尺经过胸部最高点并横向水平围绕一圈，所得数据即胸围。测量时，应保持皮尺水平（可由旁边的人协助或对镜观察检测）。

(4) 测量腰围。注意腰围测量点不在肚脐处，而在肚脐上方、肋骨下方两侧腰部曲线向内凹陷最深处。皮尺经过两侧腰部曲线向内凹陷最深处并横向水平围绕一圈，所得数据即腰围。

(5) 测量臀围。注意臀围测量点不在两侧髋骨突出处，而在更靠下、约与胯齐平的部位，即腰臀部两侧身体曲线最向外突出处。用皮尺围绕最突出的两点进行水平横向测量，即可得出臀围。

(6) 测量臂围。臂围通常指上臂围度。皮尺经过下腋点并横向水平围绕上臂一圈，所得数据即臂围。

(7) 测量大腿围。测量大腿围时，通常需要获取两个横向围度数据，即大腿根部围度与大腿中部围度。大腿根部围度与大腿中部围度都会影响整体造型。将皮尺放置于被测者后面臀下横纹处，再适当用力束紧皮尺并横向水平围绕一圈，此时皮尺的读数即大腿根部围度。将皮尺置于大腿中段并横向绕圈测量，得到的数据即大腿中部围度。

(8) 测量小腿围。保持合理站姿，将皮尺置于小腿腿肚最高处并适当用力贴紧皮肤，皮尺横向水平围绕一圈后，得出的读数就是小腿围。

（二）数值记录

测量后，应当及时准确地进行数据记录，并定期跟踪体型数据的变化，明确体型最新数据，以确定最为适合的服装款式与穿搭。在记录信息时，通过顾客基本信息、顾客体型信息、顾客体态信息三个模块来细化数值，并通过顾客原始体型与体态信息、顾客修正后的体型与体态信息两个模块来进行可视化数据记录 (见表 5-2)。

表 5-2　体型测量记录表

顾客基本信息					
姓名		年龄		职业	
身高		体重		BMI	
体脂百分比					
顾客体型信息					
肩围 /cm		胸围 /cm		腰围 /cm	
臀围 /cm		上臂围 /cm		大腿围 /cm	
小腿围 /cm		基本体型			
顾客体态信息					
身体局部	体型、体态描述及问题				
头部					
颈部、肩部					
背部					
腰部					
臀部、髋部					
腿部					
臂部					
手部					
脚部					

顾客原始体型与体态信息

（示意图）

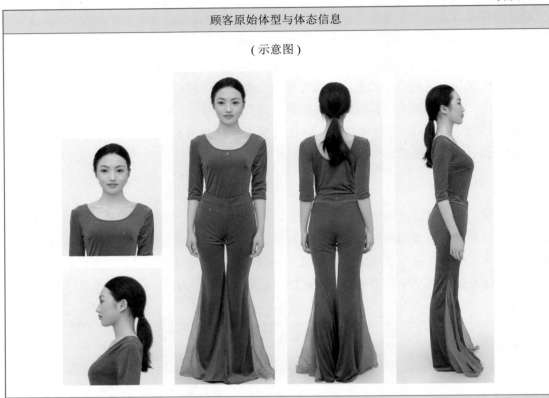

顾客修正后的体型与体态信息

第三节　体型着装与搭配技巧

　　人的身材、体型会随着年龄的增长而不断发生变化。因此，我们需要学会利用服装的款式和色彩来优化体型，即依据个人体型特点选择合适的着装和搭配，从而展现个人魅力。下面，我们从体型与服装款式、体型与服装色彩、体型与服装面料、视错觉原理与穿搭设计四个方面来进行说明。

>>> 一、体型与服装款式

（一）A 型体型

(1) 体型特征：肩部、胸部窄于臀部。

(2) 穿搭关键词：强化上半身、弱化下半身。

(3) 穿搭策略：A 型体型可以通过强化肩部、胸部服装轮廓造型调整成 X 型体型，实现上半身和下半身视觉重量的平衡。

A 型体型穿搭技巧

(4) 适合的款式：宽松且收腰的长款上装；浅色上衣搭配深色下装；宽领、方领、一字领上装；直线型剪裁的伞状裙或裤。

(5) 不适合的穿搭：包臀裙、紧身裙或裤，上衣衣摆长度在臀线处的上装，下摆收紧的裙或裤。

（二）H 型体型

(1) 体型特征：轮廓偏直线型且腰部几乎没有曲线。

(2) 穿搭关键词：展现流畅感或塑造腰线。

(3) 穿搭策略：H 型体型可以通过服装轮廓造型调整成 X 型体型，凸显人体曲线。在服装的选择上可用深色和水平线来增加重量感。

H 型体型穿搭技巧

(4) 适合的款式：直线型的长款外套、裤子等；短上衣搭配高腰裙或裤；上宽下窄的直筒裤或萝卜裤；斜裁外搭与下摆散开的裙或裤。

(5) 不适合的穿搭：没有任何剪裁设计的紧身连衣裙或包臀裙。

（三）X 型体型

(1) 体型特征：肩部与臀部宽度接近且腰部有较强的曲线感。

(2) 穿搭关键词：突出曲线美。

(3) 穿搭策略：收腰或强调腰部线条。

(4) 适合的款式：较为合体的连身裙；质地柔软且设计感强的服装。

X 型体型穿搭技巧

(5) 不适合的穿搭：太过硬朗的服装和太过宽大的穿搭，会完全遮挡身体的曲线美。

（四）O 型体型

(1) 体型特征：上半身较圆润且呈现曲线形线条，腰围偏大。

(2) 穿搭关键词：转移视觉注意力。

(3) 穿搭策略：把视觉焦点放在手臂、手腕、腿部、脚腕等细长的优势部位。

(4) 适合的款式：V 形领、U 形领上装；直线条、单色简洁款上装；

O 型体型穿搭技巧

插肩袖款上装；露出脚脖的直线条款裤子、裙子。

(5) 不适合的穿搭：视觉上膨胀的羊羔绒、面包服外套等；视觉上缩短手臂、腿部的落肩袖或低腰裤；包住腰臀部或是腰臀部做过多装饰设计的裙子、裤子。

（五）Y 型体型

Y 型体型穿搭技巧

(1) 体型特征：肩部宽于臀部，且胸背部较为宽阔。

(2) 穿搭关键词：弱化肩、背线条，强调下半身曲线。

(3) 穿搭策略：Y 型体型可以通过强化下装的下摆服装轮廓造型调整成 X 型体型，实现上半身和下半身视觉重量的平衡。

(4) 适合的款式：款式简洁且适当收腰的上装；抹胸连体裙或连体裤；收腰阔腿裤或裙装；宽松的长款上衣配短款下装，露出腿部曲线。

(5) 不适合的穿搭：全身裹紧的款式，包括包臀裙、鱼尾裙、铅笔裤等；设计感强的上装。

（六）特殊体型

特殊体型，如扁平矮瘦体型、肥胖体型和丰满体型等，其穿搭也有各自的侧重点。

扁平矮瘦体型的人，由于受到身长的限制，其服装可变化的范围相对较少。常见的错误观点认为娇小瘦弱的人穿上高跟鞋、梳起高耸的头发或是穿着垫肩等强调上半身的服饰，就会显得身形高大，然而事实并不是这样。往往干净简洁的直线条服装廓形，色彩、形制统一的上下半身服饰，合身的西装或套装等，会使得个子偏低的人彰显出精神饱满、干练的气质和令人信服的姿态。受到身高限制的人应尽量减少大波浪、落肩袖等阔版的剪裁廓形、勿选择厚重紧实的面料以及过于紧身的弹力面料，在色彩选择方面，也不宜选择纯度低或花哨的面料。最佳穿搭是选择色彩明度高、悬垂感强、线条剪裁呈直线型且款式简洁的服装。

受到身高限制但偏胖丰满体型的人，应选择腰身合适并有纵向感的服装，不宜选择过于紧身且上下等分廓形、色彩的服装；在色彩上不宜选择明度、纯度太高或较暖的颜色，这样的色彩会有强烈的膨胀感；在选择图案时不推荐方格、条纹；面料质地上需要柔软垂坠的，如天鹅绒等面料。通常推荐搭配同色套装、连衣裙、中款风衣等款式，配饰上可以通过打结的围巾或装饰性小胸针来转移视觉中心，以达到显高显瘦的效果。

身高较高但体型偏胖的高胖型人，在着装上同样要减少膨胀感，可以通过叠穿或两件套着装分散视觉注意力；不宜穿过于紧身的服装，可通过垂直线条剪裁或竖线印花纹样突出身高优势。

>>> 二、体型与服装色彩

服装色彩会让服装呈现不同的特点。一般体型的人可以选择的服装色彩范围较大，只用考虑服装色彩是否与肤色和谐，以及服装整体色彩的搭配是否和谐等。对于体型中需要修饰的部位，可以利用色彩视错觉现象来进行调整。色彩视错觉与形态视错觉同属于人眼的各种错觉感觉。

色彩的对比会引起生理上的刺激，其中最重要的就是膨胀感与收缩感。色彩在明度高、纯度高、偏暖色且对比强烈的情况下，膨胀感明显；相反，色彩在明度低、纯度低、偏冷色且对比柔和混沌的情况下，收缩感明显。合理地运用不同面积的色彩进行组合搭配，能起到修正不同体型的作用。此外，对于无彩色，通常认为黑色作为收缩感最强的颜色，在视觉上最为沉重；白色的膨胀感较强，但在视觉上较为轻盈。

下面我们按照体型来分析色彩视错觉穿搭。

A 型体型上半身小巧玲珑，下半身臀腿部偏宽大，在选择服装色彩时，要着重强调肩部宽度，弱化下半身的着装。因此，对于 A 型体型的人，上半身适宜采用柔和明亮的膨胀色，下半身可采用中性的色彩、深色或冷色等具有收缩感的颜色，不宜穿太短的外套，以免在臀部较宽处产生色彩分界线。款式上推荐搭配宽松的上衣或西服，以遮住臀部为宜，分散对腰部的注意力；勿选择紧身衣裤、宽皮带、褶裙或抽细褶的裙子。

H 型体型整体较为瘦长，虽然上下身比较匀称，但缺乏曲线美，可通过小面积运用活跃的色彩来突出肩部或下摆，塑造身材曲线。H 型体型适合塑造成带有松弛感的形象，多色叠穿对于 H 型体型是不错的选择。H 型体型的人可选择几何形曲线样式裁剪或有拼接色彩、纽扣、绳边等细节修饰的服装，以集中视线、增加韵味，也可以用多彩的项链、耳环、围巾等饰品，聚焦视觉于上半身，这样可以起到很好的曲线感修饰效果。

X 型体型较为匀称，因此着装色彩可选择范围较广。X 型体型的人可选择色彩接近的上下装或整体套装，这是因为上下一致的色彩容易产生延续感，从而凸显体型曲线优势。款式上宜选择低领、窄腰裙或一步裙西服套装等，面料上选择柔软贴体且女性感强的；不宜选择过于宽大、蓬松的上衣或下装。

O 型体型在胸、腹、背部忌用发光的色彩，更适合选择冷色，但不要采用上下对比强烈的颜色，例如上衣的下摆或底边不要有明显的色彩分界线。通常，上身宜穿黑色、墨绿色、深咖啡色等深色系衣服，下装宜选择白色、浅灰色等。廓形上可以利用直线和棱角表现轮廓，弥补因体型带来的钝感，同时不要选择过薄或过厚的材质，可通过灵活佩戴饰品将视线转移到脸部，或在腰部扎款式简单的腰带以将视线转移到身体中部。尽量避开圆领、肥大袖口等设计和圆形金项链等饰品，避免曲线感过度。

Y 型体型上半身较宽、手臂粗，因此不适合量感大、设计华丽且具有膨胀感的上装，可以通过具有收缩感、统一的上装色彩和较为华丽的下装进行搭配，使整个体型在视觉上得以平衡。此外，要注意选择宽松、自然下垂的简单设计，以及有插肩袖、一字领或交叉领口的服装；避免胸线处有平行皱缝和褶边之类的宽松设计，也不宜选择肩部有垫肩、饰物的服装；下半身选择喇叭形、宽摆的裙装或有碎褶的裙子，也可选择把衣袋等服装细节当作设计要点的宽松裤子，点缀一些亮眼的腰带、手拿包等，起到转移视觉中心的效果和作用。

总的来说，在服装穿搭中可以利用色彩的位置变化实现调整人体比例的视觉效果。例如，采用不同位置的小色块配饰，可以将视觉中心吸引到不同部位上，以拉长比例；也可以通过服装与鞋子颜色的呼应、裙子和手包颜色的呼应，确定整体造型的搭配。人们的体型千差万别，服装的色彩、款式也多种多样，选择服装的关键就是扬长避短，利用服装的款式、色彩及配饰，改善体型的不足，使整体上呈现匀称感、和谐感，以达到最佳的着装状态。

>>> 三、体型与服装面料

服装面料是决定服装款式的重要影响因素，相同款式的服装用不同面料来表现，就会有完全不同的效果。不同体型的人适合不同类型的面料，合适的面料不仅能提升整体造型的美感，还能在视觉上调整身材比例，起到扬长避短的效果。

（一）根据体型选择面料

体型较为丰满的人，如O型、A型体型的人，选择面料时应避免过于柔软和贴身的材质，因为这类面料容易暴露身体线条，使身材显得更加臃肿。相反，选择一些有垂感、挺括的面料，如厚实的棉布、亚麻、粗花呢等，可以在视觉上增加线条感，使身材显得更加修长。此外，深色系的面料也有助于在视觉上达到收缩效果，从而使身材显得更加苗条。

身材瘦削的人，如H型、Y型体型的人，适合柔软且有一定弹性的面料，因为这类面料可以增加身体的曲线感，使整体造型更加饱满。例如，针织面料、丝绸、雪纺等，既能展现身材的纤细，又不会显得过于单薄。此外，浅色系和亮色系的面料也能为瘦削的身材增添活力和丰满感。

身高较矮的人，更适合轻薄且柔软的面料，因为这类面料不会增加额外的体积感，使整体造型显得更加轻盈。例如，薄纱、细棉布、丝质面料等，都能在视觉上拉长身形。此外，竖条纹图案的面料也有助于在视觉上拉长身体线条，使身材显得更加高挑。

身高较高的人，选择面料时可以有更多的选择。无论是柔软的面料还是挺括的面料，都能很好地驾驭。不过，过于厚重的面料可能会使高大的身材显得笨重，因此在选择时应注意面料的轻重搭配。同时，过于宽松的款式也应避免，以免显得过于庞大。

（二）面料的属性对穿搭的影响

在面料的各种属性中，对穿搭影响较大的属性包括面料的厚度、量感、肌理与纹样。

1. 面料的厚度、量感

面料的厚度、量感决定了服装的外部廓形、内部皱褶造型和整体视觉重量。偏厚重的面料通常会给人踏实沉稳的视觉感受，偏轻薄的面料会让人觉得灵动轻巧。除季节、温度因素的影响外，不同体型的人选择的面料的厚度也有所差异。例如，直线型、大骨架、宽脸型的人，适合选择比较厚重的面料、配件和镜架，而不适合选择比较轻的面料，因为这样会让人产生人比衣服还重的感觉；曲线型、小骨架、小脸型的人，则要避免选择过于厚重的面料、镜架与配件。

2. 面料的肌理

面料的肌理可以分为以下几种。

（1）平滑肌理：指面料表面平整，没有明显的纹理和质感，如常见的丝绸、光面棉布和光面涤纶等。

（2）粗糙肌理：指面料的表面有粗糙的感觉，如粗纺棉布、粗毛呢等。

（3）镂空肌理：指面料上有孔洞等设计，如蕾丝面料、透明薄纱等。

（4）缎面肌理：指面料表面有明显的光泽，如光面缎子和光面丝绸等。

（5）压纹肌理：指面料表面有压花或凹凸的纹理，如花纹织物、皮革面料等。

（6）绒面肌理：指面料表面有绒毛，如绒布和绒绸等。

不同肌理的面料适合的体型有很大的差异。例如，粗糙肌理的面料制成的服装适合量感较大、需要体现悬垂厚重感的 Y 型或 H 型体型，而平滑肌理的面料制成的服装则适合量感较小、偏曲线型的 X 型或 A 型体型。此外，面对混合型身体线条时，选用不同肌理的面料进行组合，可以创造出独特的效果。例如，将粗糙肌理的面料与镂空肌理的面料搭配，配合不同局部的造型需求。服装的面料主要靠视觉、触觉去判断，因此在挑选服装时，最好能够亲身去感受这些布料的质感，选择更适合自己的服装面料。

3. 面料的纹样

在面料的纹样上，可将修饰身材的纹样概括为点、线、面三大类。

(1) 点的视觉效果。

点的视觉效果在服装中的应用比较广泛，一般的点状纹样或是聚集的图案、装饰物都可以看作点。点的大小、疏密、位置不同，在服装中产生的效果是不一样的。小点图案显得较朴素，适用于类似色或对比色的配色装饰；大点图案具有流动性，适合设计宽大的服装，显得比较有动感。

(2) 线的视觉效果。

服装中线的视觉效果分为横线条、竖线条与斜线条。

横线条在服装上呈现出来的宽度是关键，通常认为横线条显胖，但并不是所有的横线条都显胖。条纹越宽、数量越少的横线条会显得身材更加丰满，适合体型偏瘦的女性；条纹越窄、数量越多的横线条会显得体型更瘦，适合体型偏胖的女性。

通常认为竖线条显瘦，但并不是所有的竖线条都显瘦，利用竖线条显瘦也是有技巧的。通常情况下，竖线条的走向可以决定视觉方向，因此收拢型的竖线条更能显瘦。少量的印花纹样竖线条 (如一条或两条)，有聚焦视觉中心的效果，因此可以显瘦。如果竖线条过多，反而会造成视觉扩张。

斜线条具有动态效果，能够打破单一的视觉感受，为造型增添活力。同时，斜线条的运用，可以在视觉上调整腰线位置，优化身材比例。斜线条的搭配是关键，无论是一条斜线还是多条斜线，只要进行有效的利用，就能显高显瘦。斜线条分为印花斜线和结构性斜线两种类型，通常印花斜线的底纹线条越长，视觉拉长效果越明显。

(3) 面的视觉效果。

面的视觉效果适合在服装结构上体现层次感，但面的元素层叠过多容易产生臃肿感，因此在应用面的元素时要把握好体型和视觉重量的需求。

>>> 四、视错觉原理与穿搭设计

视错觉是指人或动物在观察物体时，基于知觉经验或不当参照等因素所形成的与客观事实不一致的特定感知。以下是常见的视错觉原理及其在穿搭设计中的应用。

（一）错觉轮廓（又称为主观轮廓）

错觉轮廓是一种很典型的视错觉，是指观察者在物体轮廓不明确的情况下，凭借个人的认知经验而赋予该物体一种轮廓的错觉现象（见图5-26）。应用到穿搭中，那就是利用人眼的视错效果，主动塑造人体轮廓，衬托出纤细高挑的身材。例如穿外套时，可以穿遮盖面积较大的外套，主动塑造狭窄的内搭轮廓，让人在视觉上更显高显瘦。一些服装的分割设计也很好地运用了这个原理（见图5-27）。

图5-26 错觉轮廓示意图　　　　　图5-27 利用错觉轮廓原理的穿搭示范

（二）艾宾豪斯错觉

艾宾豪斯错觉指的是在中心圆具有相同半径时，人眼会觉得被小圆包围的中心圆比被大圆包围的中心圆更大的现象（见图5-28）。应用在服饰穿搭中，将脸部看作圆形，夸张的肩部设计会让脸看起来更小；将手部看作对比对象，肥大的袖子让手部看起来更纤细；将腰部看作对比对象，宽大的裙摆更能衬托出纤纤细腰等（见图5-29）。

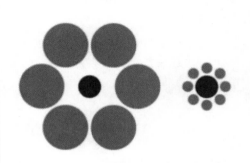

图5-28 艾宾豪斯错觉示意图　　　　图5-29 利用艾宾豪斯错觉原理的穿搭示范

（三）赫尔姆霍茨错觉

赫尔姆霍茨错觉是指两个尺寸完全相同的正方形，内部分别填充一组竖向平行线和一组横向平行线。虽然实际面积相等，但看上去竖线覆盖的面积更大（见图 5-30）。赫尔姆霍茨也利用这一发现对时尚界提出建议。他在 1867 年出版的著作《生理光学手册》中提到，横条纹的服装修身效果更明显。横条纹的服装看起来更高、更窄，竖条纹的服装看起来更矮、更宽（见图 5-31）。但要注意，只有细密的横条纹才显高显瘦，宽大、稀疏的横条纹反而会显矮显胖。这也是经典法式单品海魂衫能火这么多年的原因之一。

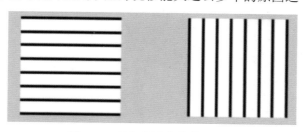

图 5-30　赫尔姆霍茨错觉示意图

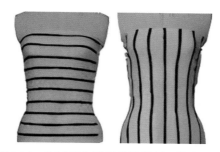

图 5-31　利用赫尔姆霍茨错觉原理的穿搭示范

（四）菲克错觉

菲克错觉又称为垂直水平错觉，指的是当我们看到一系列的平行线或者等距离的线段时会产生一种错觉，认为垂直的线条或矩形比水平的线条或矩形要更长（见图 5-32）。比如在图 5-32 中，A、B 两个矩形哪个看来更长？眼睛告诉你 A 似乎看起来长一点儿，但其实两个矩形一样长。日常穿搭中可以应用这种视觉现象，即采用内搭同色系，外套敞开穿。这样的搭配方式会更显高，因为同色系的配色在整体视觉效果中没有被不同的色块切割，会给人完整的连贯感。这种错觉也可以应用于鞋裤同色穿搭，可以纵向拉长腿部线条（见图 5-33）。

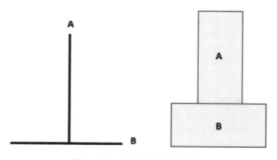

图 5-32　菲克错觉示意图

图 5-33　利用菲克错觉原理的穿搭示范

（五）谬勒·莱伊尔错觉

　　谬勒·莱伊尔错觉是指两条原本等长的线条，当两端箭头的朝向不同时，箭头开口朝内的线条看起来比箭头开口朝外的线条要短些的现象（见图 5-34）。这一原理可以解释 V 领的衣服相较于圆领、高领的衣服给人一种身材更修长的错觉（见图 5-35）。在秋冬穿大衣时，可以通过叠穿开领衬衫、西装，来制造 V 形线条。当穿衬衫裙时，还可以特意解开上下几个扣子，打造上 V 下 A 的感觉。

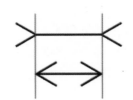

图 5-34　谬勒·莱伊尔错觉示意图　　　　图 5-35　利用谬勒·莱伊尔错觉原理的穿搭示范

思　考　题

1. 从人与服装的和谐角度谈一谈体型与服装搭配的关系。

2. 如何根据常见的形态视错觉原理来进行穿搭设计？

3. 体型与色彩有什么关系？

4. 以自己为分析形象，谈谈怎样穿衣能显高显瘦。

服饰形象设计

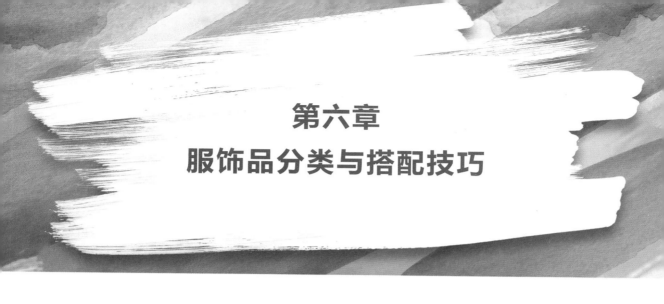

第六章
服饰品分类与搭配技巧

人类自诞生之初就有用饰品装饰自身或居住环境的本能，这种装饰本能随着社会的发展和演变而深入生活的各个层面，成为一种广泛而普遍的人类行为和审美方式。用于装饰的服饰品，有着十分丰富的背景和内涵，历史文化、民俗信仰、个人条件、时间地点、衣着礼节等众多因素都会影响人们对服饰品的选择和佩戴。服饰品不仅能够直接影响一个人的风度气质，而且还体现了佩戴者的文化修养。

第一节　服饰品的概念、作用

在人类的各种社会活动中，服饰品扮演着重要的角色。可以说，服饰品已经成为人类生活不可或缺的一部分。

服饰品有三种分类方式：按照佩戴部位可分为首饰和服饰配件两大部分；按照材质可分为金属类、非金属类；按照用途可分为流行饰品、艺术饰品。

>>> 一、服饰品的概念

服饰品即服饰的附属品，通常指用于搭配服装进行二次设计的装饰物，可美化外表整体形象。除此之外，还有一种关于服饰品的理解：在服装的基础上添加的用于装饰的物件，并与服装合并成为一体的部分，例如铁链、镶钻、扣子、铆钉之类的辅助饰品。

按照佩戴部位的不同，服饰品包含首饰与服饰配件两大部分。首饰有颈饰、耳饰、发饰等；服饰配件包括领带、眼镜、围巾、包、手套、鞋袜等。在现代服饰形象设计中，服饰品可以起到调整脸型、发型、服装、色彩搭配等方面的不足的作用，还可以改变服装风格、提升整体形象，达到画龙点睛、锦上添花的效果。需要注意的是，选择服饰品时既要与社交时间、地点、场合和目的相适宜，也要与整体形象、肤色、体型、发型、妆容、服装以及个性特点、气质风格等因素相适宜，这样的搭配才会充满吸引力且富有个人魅力。

古人对点缀、塑造形象的服饰品非常重视，例如白居易《长恨歌》中有"云鬓花颜金步摇，芙蓉帐暖度春宵"；曹植的《洛神赋》中提到"戴金翠之首饰，缀明珠以耀躯"；《孔雀东南飞》中说道"足下蹑丝履，头上玳瑁光。腰若流纨素，耳著明月珰"。其中的步摇、金翠、明珠、玳瑁、耳珰等都是中国古代饰品当中重要的种类。西方饰品也经历了漫长的发展历程，莎士比亚有句名言"珠宝沉默不语，却比任何语言更能打动女人心"。玛格丽特·撒切尔夫人曾说，我经常佩戴珍珠首饰，它能使肤色增加色泽和美感。的确，当人们穿上一件平淡无奇的女装或外套时，若能再佩戴些珍珠饰品，就会显得气度不凡。

（一）中国古代服饰品的发展史

在原始社会，虽然还没有产生完整、准确的饰品的概念，但人们已经懂得通过各种材料来装饰身体。这一现象可以通过各种墓穴出土的丰富多彩的陪葬饰品得到证实（见表 6-1）。

表 6-1 原始社会时期的代表性饰品

时 代	地 址	类 别	出 土 物	图 示
旧石器时代晚期	河北阳原虎头梁遗址	首饰 / 服饰配件	穿孔贝壳、钻孔石珠、鸵鸟蛋壳、鸟骨制作的扁珠	 
新石器时代	西安半坡仰韶文化遗址	首饰	束发的骨笄、穿孔牙饰、蚌壳饰品、珠串、陶环	 
	山东兖州王因遗址	首饰	绿松石耳坠、束发骨笄、陶臂钏	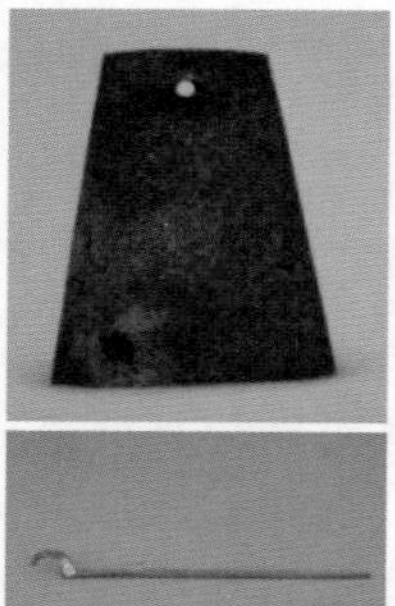

时　代	地　址	类别	出土物	图　示
新石器时代	甘肃皋兰糜地岘遗址、陕西华县元君庙幼女墓、陕西临潼姜寨少女墓	首饰/服饰配件	骨珠	
新石器时代晚期	江苏新沂花厅16号墓	服饰配件	玉串饰（由琮形管、冠状饰片、弹头形管、鼓形珠组成）	

商周时期首饰的种类不多，以骨笄、铜笄、玉笄为主，同时也有颈部的串饰。殷墟妇好墓出土的骨笄如图6-1所示，易县燕下都辛庄头M30墓出土的绿松石耳环如图6-2所示。

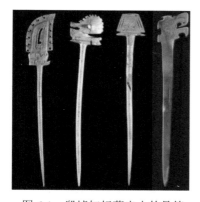

图6-1　殷墟妇好墓出土的骨笄　　　　图6-2　易县燕下都辛庄头M30墓出土的绿松石耳环

到了汉代，饰品开始向更多品类发展。妇女除笄外还用钗和擿。汉钗的形状比较简单，是将一根金属丝弯曲为两股而成。河南密县（今郑州新密）打虎亭汉墓所出画像石中的妇女，头上往往插有发钗10余支。擿的形状像窄条形的梳子，长度为1汉尺左右。此外，汉代妇女的发饰还有金胜、华胜、三子钗（见图6-3）等，皆绾于头部正面额上的发中。头戴春胜的汉代妇女俑像图如图6-4所示。

汉代妇女还戴耳珰。汉代耳珰多呈腰鼓形，一端较粗，常凸起呈半球状。在佩戴的时候，将细端塞入耳垂的穿孔中，粗端留在耳垂前部。广州东汉墓出土的汉代焊珠金耳珰如图6-5所示，蚌山区青年街东汉墓出土的琉璃耳珰如图6-6所示。

图 6-3　汉代三子钗发饰　　　　图 6-4　头戴春胜的汉代妇女俑像图

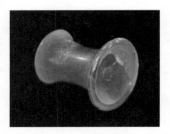

图 6-5　广州东汉墓出土的汉代焊珠金耳珰　　图 6-6　蚌山区青年街东汉墓出土的琉璃耳珰

南北朝时期，妇女最华贵的发饰是步摇。随着东西方交通的日益发展，南北朝时期还出现了一些带有西方色彩的首饰，如南京象山东晋大族王氏墓出土的镶金刚石的银指环、河北赞皇东魏李希宗墓出土的镶青金石的金指环。与李希宗墓出土指环上的镶嵌物相似，隋李静训墓出土的金项链上也有刻鹿纹的青金石。甘肃高台地梗坡四号墓出土的步摇花如图 6-7 所示，内蒙古博物院藏品马头步摇如图 6-8 所示，隋李静训墓出土的步摇花、金项链如图 6-9 所示。

图 6-7　甘肃高台地梗坡四号墓出土的步摇花　　图 6-8　内蒙古博物院藏品马头步摇

图 6-9　隋李静训墓出土的步摇花、金项链 (中国国家博物馆)

　　中国封建社会的鼎盛时期唐代，很重视发钗顶端的花饰。唐代前期已有戴海榴花形钗和凤钗的，中后期花饰则愈发夸大。中晚唐墓出土的花钗有凤形、摩羯形、花鸟形、缠枝花卉形等多种样式，这些花钗运用模压、雕镂、剪凿等方法制成。唐代后妃、命妇所簪"花树"就是较大的花钗。钗为双股，形制为一式二件，花纹相同，方向相反，以多枚左右对称插戴，单股的笄这时称作簪或搔头。唐代鎏金花钗如图 6-10 所示。

图 6-10　唐代鎏金花钗

　　盛唐时期妇女开始在发上插戴梳。起初只在髻前单插一梳，以后逐渐增加，以两把梳子为一组，上下相对而插，且梳背的装饰日趋丰富多样。唐代花鸟银鎏金梳、纯金镶绿松石金梳、金柄玉梳如图 6-11 所示。

图 6-11　唐代花鸟银鎏金梳、纯金镶绿松石金梳、金柄玉梳

　　宋代妇女的首饰大体沿袭唐制，仍以钗、梳为主，唯顶端带花饰的簪增多。在辽国，因妇女发式不同，钗、簪、梳都较少使用，而项链、耳坠、臂钏使用得较多。辽陈国公主双臂各戴两副金钏，钏体中部较宽，两端较细，弯成椭圆形。其中一副饰缠枝花，末端为两兽头相对；一副饰双龙，末端为两龙头相对。辽陈国公主墓出土的项链如图 6-12 所示，辽代摩羯纹镶绿松石金耳坠如图 6-13 所示。

图6-12　辽陈国公主墓出土的项链　　　　图6-13　辽代摩羯纹镶绿松石金耳坠

　　明清时期，民间首饰与贵族妇女的首饰差异很大。民间首饰造型简洁，而贵族妇女首饰形制复杂，图案繁缛，且广泛采用镶嵌宝石、累丝、点翠等技法，使首饰的华丽程度胜过前代。复杂的技法和华丽的材质在清代继续得到发展，其他首饰，如点翠串珠的钿子、勒子、发罩、指甲套等，种类繁多。明益端王墓出土的阁楼人物凤簪、双重阁楼金簪如图6-14所示，故宫博物院藏品清代点翠簪如图6-15所示。

图6-14　明益端王墓出土的阁楼人物凤簪、双重阁楼金簪　　　　图6-15　故宫博物院藏品清代点翠簪

（二）古代西方服饰品的发展史

　　西方文化和审美是其首饰诞生和发展的源头，首饰的设计风格、制作工艺以及文化内涵随着社会形态的变化而变化，也受到各个时期各民族、各地区人民的生活方式、民俗习惯、心理特征、审美情趣和宗教信仰等因素的影响。西方首饰的发展历史时期和经典风格可概括为以下几个阶段。

1. 古代文明时期

　　古埃及时期首饰多采用金银象牙及宝石镶嵌工艺，主要表现图章和护身符的主题。古埃及制作首饰的材料多具有仿天然色彩，取其蕴含的象征意义。首饰的种类主要有胸项饰品、耳饰、头冠、手镯、手链、指环、腰带、护身符等，制作精美，装饰复杂，并带有特定含义。代表古埃及首饰最高成就的是法老的首饰，第十八王朝法老图坦卡蒙墓出土的首饰（见图6-16）最为有名。此外，古埃及雕像、浮雕及图画上人物所佩戴的首饰，也极其繁复。

图 6-16 第十八王朝法老图坦卡蒙墓出土的项链、护身符、戒指、耳坠、胸饰

　　古印度时期的珠宝以其独特的设计和精湛的工艺而闻名于世，在帝国时期饰品艺术达到了顶峰。古印度珠宝的装饰元素繁复多样，珠宝上常见的装饰工艺包括雕刻、镶嵌、浮雕和金丝线盘绕等。珠宝中的图案和符号代表着各种神祇、神话传说和宗教故事，展示了古印度宗教文化的丰富内涵。古印度耳饰、戒指、手镯如图 6-17 所示。

图 6-17 古印度耳饰、戒指、手镯

　　古希腊时期的珠宝首饰多以自然与神为主题，采用细致、复杂的累丝工法，将黄金制成花、叶、树枝等物，并镶嵌彩色珐琅、石榴石、祖母绿和珍珠。古希腊人重视真实的美学世界和运动中的人体之美，因此多流行用具有强烈动感的肖像作装饰，此外也有许多象征无限、完美、胜利与力量等含义的 8 字形结、蛇形结，传递着奥林匹克精神。古希腊金蛇手镯、蛇形臂环、人形金耳环、黄金橡树叶祭祀花环如图 6-18 所示。

图 6-18 古希腊金蛇手镯、蛇形臂环、人形金耳环、黄金橡树叶祭祀花环

　　古罗马的金属制品，品种繁多，装饰华美，装饰手法多以薄薄的银板上采用捶打制作为主。古罗马的玉石工艺材质丰富多彩，他们用玉石制作各种护身符或其他饰品。常见的有红玉髓、红缠丝玛瑙、紫水晶等，也有石榴石、绿柱石、黄玉、橄榄石、绿宝石和蓝宝石等。古罗马印章戒指、珍珠宝石镶嵌戒指如图 6-19 所示，古罗马黄金披肩项链、紫水晶黄金首饰套装、祖母绿项链、缠丝玛瑙如图 6-20 所示。

图 6-19　古罗马印章戒指、珍珠宝石镶嵌戒指

图 6-20　古罗马黄金披肩项链、紫水晶黄金首饰套装、祖母绿项链、缠丝玛瑙

2. 中世纪时期

在欧洲的中世纪时期，政教合一的教权统治成为显著特征，宗教文化极大地制约了人们的思想和审美。拜占庭时期，宗教氛围尤为浓厚，人们相信上天的力量显示在皇帝和教会的金银珠宝上，"镂花细工"工艺逐渐盛行。神圣罗马帝国时期，宗教氛围仍然浓厚，但文化发展呈现多样化趋势，艺术已经逐渐开始关注人类本身而不是神。该时期的首饰多以征服者的头像为主题，各类首饰基本上都是由黄金搭配珍珠、绿宝石、绿松石、红玉髓、石榴石、紫水晶等各种宝石或半宝石打造而成的。中世纪皇冠、十字架饰品、"普鲁登斯"女神科美西、镶嵌宝石的手套如图 6-21 所示。奥斯曼帝国时期，首饰装饰性强，色彩丰富，花卉或几何图案的皮带扣也是很受欢迎的饰品，奥斯曼妇女用它们来点缀自己。

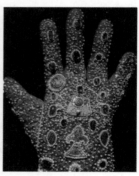

图 6-21　中世纪皇冠、十字架饰品、"普鲁登斯"女神科美西、镶嵌宝石的手套

3. 文艺复兴时期

文艺复兴时期欧洲各国宫廷首饰追求奢华。在服装上，常饰有金制玫瑰花数十朵，并以红蓝宝石和珍珠镶嵌于花朵之间，衣领上也镶了色彩斑斓的宝石。项链的样式也很多，金银镶嵌宝石的样式尤为流行。女士首饰中金银的应用更为普遍，贵妇佩戴的首饰华丽典雅，镶有珍珠的金链缠在发髻上，金制的圆珠项链前垂吊着镶宝石的项坠。上层妇女中形

成了一种以珠宝首饰展示财富的风气，人们热衷于在珠宝首饰上投资，不仅在帽式面纱上缀满珍珠和宝石，而且用满是宝石的彩带束扎头发，甚至连腰带上也坠满了宝石和珍珠。文艺复兴时期的吊坠、戒指、胸针如图 6-22 所示。

图 6-22　文艺复兴时期的吊坠、戒指、胸针

4. 巴洛克、洛可可时期

巴洛克时期的首饰铺张华丽、热烈奔放，充满着阳刚之气，注重大手笔的表现。洛可可时期的首饰以精美的漩涡形、叶形等装饰为特色。巴洛克时期的碧玺项链、花形装饰、人物肖像装饰、珠宝装饰如图 6-23 所示，洛可可时期的饰品如图 6-24 所示。

图 6-23　巴洛克时期的碧玺项链、花形装饰、人物肖像装饰、珠宝装饰

图 6-24　洛可可时期的饰品

▶▶▶　三、服饰品的作用

服饰品是服饰整体搭配中的重要组成部分，每个人可根据自身条件、审美品位等的不同，选择不同类型及材质的饰品。如果服饰品运用得当，就能增强服装的美感，突出服装

装扮的亮点，展现着装者的品位和气质。

（一）服装与服饰品的关系

服装与服饰品之间是相辅相成的，从主从关系上看，服装造型是一种独立的艺术形式，服饰品是服装的"零件"，是服装的辅助元素。一组搭配和谐的、好的服饰品，可以让服装造型从视觉和内涵上进一步升华，增加整体的美感和层次感；同时，服饰品也是突出整体造型特色、展示个性的重要要素。

从服饰品所表现出的外观形式及装饰形式上看，实际的需要或对精神的信仰可能会导致某种服饰品的出现，而客观美感的存在及其对人们的感染力又反过来推动了服饰品的发展，使服饰品的种类越来越丰富，服饰品的样式越来越美观。

1. 引导视线，掩盖缺点

服饰品可以起到引导视线的作用。用服饰品进行局部点缀，可以让人忽略身材体型的不足之处，在整体形象识别中达到更加和谐的美感。在具体操作过程中，可通过穿戴醒目的服饰品点缀身体部位，以掩饰其不足的地方。如漂亮的手表、手链及夺目的戒指、晶莹剔透的指甲油等，可淡化手部衰老，掩盖手型的不完美；用醒目的项链和丝巾点缀颈部，可掩饰颈部皱纹；用夸张或造型不一的耳环修饰脸型，可以淡化人们对欠佳脸型的注意力。

2. 提升整体造型的层次感

很多别致造型的时尚感都是通过饰品营造出来的，服饰品能把简约的穿搭玩出新花样，在穿搭中提升整体的层次感、细节感。在不改变服装原有搭配的前提下，通常只需一点配饰就能大幅提升整体的丰富程度。例如，一条时尚的项链或手链，一只时髦的戒指或一款别致的眼镜，都能够为整体形象增色，使整体穿搭更有趣、更引人注目。

3. 强化个人风格

服饰品运用得当，可以帮我们打开穿搭新世界的大门，各种相似的基本款变得有特点，更具备个人的风格和特征。想要利用服饰品为风格加分，最好的方式就是将服饰品的材质、颜色、图案和服装的风格进行统一，使整体搭配更和谐。以材质为例，真丝材质透露出高贵奢华，适宜优雅、浪漫的服装风格；棉麻材质展现出随性与自然；复古镜框、帆布袋和学院风的针织衫、格纹裙更为和谐；存在感较强的金、银材质，和风格简约、现代的西装、衬衫、风衣比较搭。

4. 适应不同场合

服饰品的巧妙搭配能够使服饰形象适应不同的场合和氛围。例如，在正式的商务场合中，一条精致的丝巾、一枚简约的胸针能够增添一丝优雅与庄重；在休闲、约会或度假场合中，民族风的流苏项链、一条披肩丝巾能营造出独特的个人风格和轻松愉悦的氛围；在户外健身或运动场合中，精致又简洁的运动手环、功能性与美观兼具的臂包或腰包，既能满足户外及健身活动的需求，又能展现活力与积极的形象。

5. 点缀与呼应

服饰品与整体服饰形象的关系可理解为部分与整体的关系，因此服饰品多用来点缀和呼应整体形象。比如，珍珠的耳饰、项链可以和真丝的旗袍相互呼应；编织的草帽和流苏可以点缀棉麻长裙；金属的饰品和铆钉装饰可以搭配皮衣，形成前卫的、和谐的整体视觉效果。

（二）服饰品的现代消费观念

1. 对于服饰品的重视程度

普通人的着装观念注重实用性，因此习惯在着装主体上花费大量的心思，比如服装的色彩搭配、面料质量、款式、工艺细节等等，却极少考虑为衣服选择相应的配饰。在这样的观念下，整体形象的塑造就容易走向模式化、刻板化，不仅缺少时尚感、流行感，更谈不上彰显个性。

随着社会对于美的追求和发展，越来越多的人将关注的目光从单纯的服装搭配转向配饰的搭配和整体形象的塑造上，这就促进了服饰品行业成为新的消费趋势和经济增长点，让服饰品有了更长足的发展和更深入的细化分类。服饰品在将来可以满足人们的装饰需求，从视觉、听觉、嗅觉、触觉等不同方面形成整体形象的一体化装饰方案。

2. 服饰品与美的理解

服饰品的数量不在多，关键在于选择适合的风格，掌握具有层次感的搭配方法。在服饰品购置的过程中，首先要把握个人的形象、气质、风格，通过选择不同种类的服饰品，实现丰富且协调的搭配，同时掌握服装和配饰搭配法则，牢牢把握服饰品的独特性和对气质风格的塑造作用。这样才能展示时尚、精致，加深个人对于美的理解，最终实现个人着装魅力的提升和服饰品生命力的表达。

| 第二节 | **服饰品的分类与搭配** |

服饰品按照装饰部位，可以分为首饰与服饰配件两大部分。首饰的材质以金属、玉石、化学材质为主，而服饰配件主要指与服装同种或相似材质的物品。从装饰部位来看，首饰通常直接与人体皮肤、头发等部位接触，少部分（如胸针等）装饰于服装之上；服饰配件则与服装组成一体，起到保暖防护、色彩搭配、风格展示等作用。

>>> 一、首饰——画龙点睛，彰显个性

首饰是指佩戴于头上的饰物，我国旧时又称首饰为"头面"。首饰的现代定义即指用各种金属材料、宝玉石材料、有机材料以及仿制品材料制成的装饰人体的装饰品。佩戴首饰时，首先要注意场合，在符合礼仪规范的同时，尊重不同场合、当地的习俗、寓意等，其次要与个人风格、气质相协调，最后，首饰数量要适合，不宜过多堆砌。

（一）颈饰

首饰中最常见的颈饰为项链。项链是女性较为喜爱的饰品之一，具有装饰颈部、美化整体的作用，不仅能凸显佩戴者的气质、风格，也能够通过不同材质、光线反射来美化佩戴者的肤色。项链的选择要注意与脸型、身材、服饰相协调，比较适宜参加舞会、晚宴、婚礼和探访亲友时佩戴，要求与礼服、套装或裙装的风格统一。

1. 项链与脸型、身材的关系

一般来说，圆脸、宽脸脸型的人选择项链时，要避免颗粒大的串型项链而选择颗粒小且串线较长的项链。如果脖子细长，脸型窄小，则适合颗粒略大的中、短串型项链或饰物较为夸张吸睛的项链，以聚焦颈部的优势；相反，若颈部较粗短，则适合较长的 V 形带坠的项链，形成拉长脖颈的效果。身材高挑的女性，适合选择胸部以下长度的项链，以协调身材比例；身材娇小的女性，适合选择高于胸围线以上长度的款式。

2. 项链与服装的搭配

佩戴的项链需要与服装在面料质地、款式、颜色上呼应。简单款式的服装可搭配造型夸张、个性强烈、风格明显、质地厚重的项链；上衣款式复杂且设计感强的服装，如胸前有荷叶边、层叠装饰的服装，最好搭配细小款的单色项链，既能衬托服装又不会显得繁杂凌乱。需要注意的是，在某些场合的服装穿搭造型中并不适合戴项链。例如，在领口已有镶边、前开襟有扣子、上装的纹样非常繁杂、颈部已有围巾或丝巾装饰、剪裁特别或有装饰性的领子等情况下，就不需要再加上项链装饰。

搭配项链的过程中，要注意服装上缘领口形状与项链线条的吻合度。例如，圆领配圆弧形项链或圆珠串；V 领配有坠子的 V 形或圆弧形项链；方领配圆弧形项链等等。短项链的长度以不触碰到领口边缘为准，否则会造成视觉上的干扰。

服装和项链的搭配需要遵循场合原则。在正式场合 (例如上班、参会等)，需要根据工作装、套装等风格的不同配上金、银、珍珠等单色或素色材质的项链，凸显含蓄沉稳。在晚宴场合 (例如派对或年会等场合)，比较适合佩戴镶嵌宝石类的项链，夜间的灯光会最大程度地展现宝石的璀璨耀眼，提升个人魅力。休闲场合的非正式服装，可以配上款式较时髦的项链，例如加入铆钉元素或小众设计款式等。

（二）耳饰

耳饰分为耳环、耳钉、耳坠三种。耳饰材质多样、款式繁多，搭配使用的频率也最高。耳饰的材质有金属、珍珠、宝石、玉石、木质、贝壳、绳编、草编、皮质、树脂等，所代表的量感与风格也各不相同。

1. 耳饰与脸型的搭配

个人选择耳饰时，需要考虑的影响因素有脸型、肤色、发色、发型、其余饰品等。耳饰与脸型的搭配关系如表 6-2 所示。

表 6-2　耳饰与脸型的搭配关系

脸　型	适合的耳饰款式	不适合的耳饰款式	佩戴耳饰时的注意事项
椭圆脸型	适应性较强	无	耳环的搭配应与服装风格协调
方脸型	直向长于横向的弧形设计耳饰：长椭圆形、弦月形、新叶形、单片花瓣形	方形、三角形、五角形等棱角锐利形状的耳环	需要增加脸部的长度；缓和脸部的角度
长脸型	圆形、方扇形等横向设计的耳饰，如天然圆形珍珠、圆形切割宝石耳饰等	方形、长方形、任意四边形、三角形等直线条形状的耳环	需要增加脸部的宽度、减少长度
圆脸型	长形耳饰、垂坠、长方形、水滴形	圆形、椭圆形、半圆形、球形	增加脸部长度，塑造上下伸展的视觉效果，避免横向扩张
瓜子脸型	下缘大于上缘的耳饰，如水滴形、葫芦形、三角形	下缘小于上缘的耳环，如倒三角形、菱形、心形	增加下巴的视觉分量，修饰脸部线条
菱形脸型	下缘大于上缘的耳饰，如水滴形、三角形	菱形、心形、倒三角形	增加下巴的视觉分量，修饰脸部线条
三角脸型	长椭圆形、花形、新叶形、心形	方形、长方形、任意四边形、三角形	缓和、修饰脸部下颌线条和较宽的下巴

从整体上来讲，耳饰的大小要根据个人的发型、量感来进行调整，量感较大的人适合较大的耳饰，量感较小的人则要佩戴较小的耳饰。一般来说，在职业场合中，适合选用精致小巧的耳钉；文艺类行业的人可适当佩戴较大的耳饰；服务性行业的服务人员根据要求需要佩戴规定耳饰或不可佩戴耳饰。

2. 耳饰与服装的搭配

针对不同材质耳饰的搭配，时尚圈流行着一套口诀：穿裙子戴流苏，穿衬衫戴珍珠，穿西装戴耳钉，穿卫衣戴圈圈，穿牛仔戴金属；上衣白戴银饰，上衣黑戴金饰。耳饰与服装搭配时，要确保整体风格与色调的和谐，这样才能凸显高级感。

在造型方面，耳饰主要分为珠型、扣型、环型、垂吊型和花朵装饰型。珠型耳饰一般小巧可爱，但由于体积较小，所起到的装饰效果不甚明显；扣型耳环比较端庄，适合职业女性在工作场合佩戴；环型耳饰形式很多，传统造型的、体积不太大的环型耳饰，适合上班族佩戴；垂吊型耳环中，体积小的可爱、秀气、精巧，体积大的较为夸张或豪华，这类耳环的材质如果是质朴的天然原料，可以搭配优雅或浪漫风格类型的服装，如果是宝石类材质，则适合在晚宴场合搭配晚礼服；花朵装饰型耳饰体积偏大，多半在晚宴、影楼摄影等特殊场合才会看到。

（三）戒指

在中国，戒指的历史可追溯到古时的宫廷，至今至少有两千多年的历史。直到明代以后，"戒指"这一称呼才固定下来并广为流传。经过几千年的风雨洗礼，如今戒指已普遍为人们所接受，在现代生活中扮演着重要的角色，如作为装饰品、婚姻的信物，或展示财富、财力。

1. 戒指的佩戴方式

戒指的佩戴有较为规范的方式，按规定形式佩戴戒指，能够体现佩戴者的身份、文化背景及修养水平。订婚或结婚时婚戒应戴在左手无名指上；中指上适合戴体积较大或造型端庄的戒指，因为中指最为修长且居于手部整体的中间；食指在传统习惯上是不适宜戴戒指的，但在现代审美中，戴在食指上的戒指比较中性且偏向个性化的款式，以凸显个性和个人风格；小指纤巧，适合佩戴小巧、可爱款式的戒指。此外，还有部分人会将戒指戴在大拇指上，通常以男性居多。选择戒指时要注意戒指与手型的搭配。手掌和手指粗大的人，在选择和佩戴戒指时，应该避免细小而精致的戒指，可以选择中等或偏大的戒指。

2. 戒指的搭配原则

戒指的搭配遵循以下三个原则：一是双手有配饰时，每只手只选择一类配饰（指部或腕部）；二是双手之中只有一只手是装饰重点（数量更多或尺寸更大）；三是单手戴配饰时，要有多少、大小、宽窄的主次区分。

（四）胸针

胸针是佩戴在上衣前襟的针状小装饰物品，胸针能够发挥的装饰作用较小，不是所有的服装都适合搭配胸针。

1. 胸针的材质与色彩选择

胸针的材质较多，为彰显佩戴者的身份地位，传统胸针多采用金属、宝石、棉质、针织类材料制作；现代胸针的材质则更为复杂多样，涵盖金银、玉石或白金，并常镶以钻石和其他宝石，同时也有皮质或其他各种材质的组合。同其他饰品一样，胸针要与服装的风格相互呼应。此外，因为需要针状物穿透服装面料，因此对服装的材质也有限制，一般可用于针织、梭织的棉、麻、毛材质面料的服装，而皮质、塑料或是比较轻薄的面料则不适合用胸针穿透，这时可以选用磁吸式胸针。

相较于项链、耳环等饰品，胸针的面积更大，色彩也较为统一，因此可以通过色彩的搭配来调节上半身甚至整体造型的色彩。通常可以选择与下半身或与内搭服装色彩相同的胸花搭配在外衣上，达到和谐的配色效果。

2. 胸针与服装的搭配

胸针佩戴在服装的不同位置时，会有不同的效果。女士胸针最常见的佩戴位置在胸口，一般可以佩戴在左侧胸口的锁骨下方或胸口中部。左侧胸口是最常见的佩戴位置，在这个位置，胸针可以成为衣领间的连接物，在装饰的同时也起到了有效的点缀作用。佩戴在胸口中部位置的效果与侧面相似，但更为端庄正式。女士胸针也可以佩戴在衣领的领口中间，点缀了衣领，且凸显出胸针的别致造型与细节亮点。此外，胸针也可以环绕领口佩戴，从而表现出独特的个性风格。胸针的大小也会影响佩戴的位置，如大型胸针一般佩戴在较大的领片上，同时要注意胸针的方向；中型胸针可以佩戴在上方较小的领片上或佩戴在扣起来的衬衫领中间；小型胸针可以佩戴在高领的侧面领子上。

简单来说，胸针的佩戴遵循三线四区戴法原则。三线为权威线、平衡线、窈窕线，四区为华丽区、稳重区、身材区、创意区（见图6-25）。权威线位于肩线向下10 cm处，在此处佩戴胸针可以烘托面部，显得高贵、隆重，同时诠释身份与气场感，体现出干练强势的领导者风范；平衡线又称为优雅线，距离下巴下缘约一头长，是不易出错的佩戴位置，在此处佩戴胸针会显得均衡、和谐、稳重、知性，最能凸显优雅大方的淑女气质；窈窕线位于下巴向下约两个头长的位置，基本是理想腰线的位置，胸针佩戴在这里可以突出腰肢的纤细优美、婀娜多姿且富有新意（见图6-26）。

图 6-25　三线四区的划分

图 6-26　胸针不同部位佩戴

权威线以上的身体区域称为华丽区，在该区域用胸针装饰礼服肩头，珠宝的精致华美与佩戴者的面庞相呼应，尤其适合隆重仪式感场合。权威线与平衡线之间的区域是稳重区，在该区域佩戴胸针，可显得稳重且易于驾驭。此外，这一部位可用于日常搭配，既能展现精致与个性，又不会过于张扬。从平衡线向下，经过窈窕线，直到髋部位置的身体区域称为身材区，身材高挑的女士尤其适合在此区域佩戴胸针，可放大优势。若胸针款式选择得当，与服装相辅相成，效果会更惊艳。髋部以下，手臂、背部等非常规的胸针佩戴区域，称为创意区，在该区域佩戴胸针能带来意想不到的惊艳效果。当然，也可用胸针装饰帽子、头巾、包包。

男士也可以佩戴胸针。在重要的场合，比如在晚会、会议、聚会等场合穿西服或者是有领口的衣服时，男士胸针原则上是戴在胸前的左侧，可直接将胸针别在左侧领口上，处于最上方的两颗纽扣之间，而不是戴在口袋附近。佩戴胸针可使西服的穿搭更有品位、个性和正式感。穿立领或者是无领的衣服时，胸针一般戴在右侧 (见图 6-27)。

图 6-27　男士佩戴胸针

整体来讲，首饰的搭配需要遵循以下六大原则。

(1) 数量原则：不超过三类首饰且同类首饰不超过两件。

(2) 质地原则：同时佩戴两件或两件以上首饰时，质地需要保持一致。

(3) 色彩原则：根据服饰来调整，避免色彩斑斓的感觉。

(4) 体型原则：根据自身的体型来选择，身形娇小者需选择小巧精致的首饰，身形高大者需突出分量。

(5) 服饰风格原则：服装的质地、色彩、款式搭配，都不尽相同，可根据穿衣的风格来搭配首饰。

(6) 季节原则：秋冬季选择稳重、深沉的色彩，春夏季选择简洁、清爽、亮丽的色彩。

>>> 二、服饰配件——完美协调，扬长避短

（一）丝巾

丝巾，薄如蝉翼，形若流云，以奢华的质地和独一无二的设计成为时尚界的宠儿，能够满足人们对美的各种想象。

1. 丝巾的起源

丝巾是指围在脖子上的丝质服装配饰，用于搭配服装，起到修饰作用，它属于围巾中的重要门类。

在东方，丝绸发源地中国早有了类似丝巾的饰品——帔帛。战国时期的人物雕塑中就出现了长方形布片，但文献上关于"帔"字的记载始于汉末，自汉代始，"帔"这种广泛意义上披挂的巾开始从宫廷流行到民间。从秦汉到魏晋，妇女服装中常常有长袖或飞动的带饰，来美化妇女柔美轻盈的身姿 (见图 6-28)。丝巾在那时并不是女性的专属品，秦始皇兵马俑中的士兵就系着不同颜色和质地的丝巾、帛巾 (见图 6-29)，用以区分不同的兵种、身份和等级。唐宋时期，由帔帛设计演化出了云肩、褙子多种形式，至明清时期演化为形制清晰、特征分明的高级礼服配饰，如明代女性出嫁时身穿的霞帔、清代女子从丈夫品级而穿着的背心式官补的礼服外搭 (见图 6-30)。

图 6-28　秦汉制帔帛　　　　　图 6-29　复原彩色兵马俑　　　　图 6-30　故宫博物院藏品
　　　　　　　　　　　　　　　　　　　　　　　　　　　　　　　　　　　　　清代霞帔

　　在西方，早在公元前 3000 年，埃及人所采用的缠腰布 (见图 6-31)、流苏长裙及古希腊
时期的缠布服装 (见图 6-32) 等就有类似丝巾的痕迹。16 世纪至 17 世纪之间，丝巾的呈现
形式是头巾，常与帽饰结合使用 (见图 6-33)。17 世纪末期，出现了以蕾丝和金线、银线
手工刺绣而成的三角领巾，欧洲妇女们将其披在双臂并围绕在脖子上，在颈下或胸前打结，
以花饰固定，兼具保暖与装饰的作用 (见图 6-34)。法国波旁王朝全盛时期，三角领巾被
列为服饰中的重要配饰并规格化。上流社会用领巾来点缀华服，许多王公贵族也用领巾来
装饰男性风采 (见图 6-35)。18 世纪末，三角领巾逐渐演变成长巾 (见图 6-36)，可绕过胸
前系在背后，材质有薄棉或细麻之分。后来，随着法国大革命、英国工业革命的开展，欧
洲大陆的工业慢慢发展起来，机器制的领巾被大量生产，从而促进了丝巾的产生。

图 6-31　古埃及缠腰布　　　　　图 6-32　古希腊雕塑　　　　　图 6-33　北欧三角头巾

图 6-34　蕾丝三角领巾　　　　图 6-35　规格化三角领巾　　　图 6-36　18 世纪末长巾

2. 丝巾的搭配

在丝巾的搭配中，色彩与图案的选择是创造出绝佳装饰效果的重要因素，丝巾的色彩、图案是否与服装充分融合，是丝巾塑造整体形象的要点。此外，丝巾是最接近脸部的饰品，适合的色调才能衬托出理想的气色。选择丝巾色调时需要清晰地知道个人适合的色彩、风格及最适合的色系。

丝巾的搭配

搭配丝巾除色彩外，还要注意装饰部位、丝巾质地和系法技巧，不同的装饰部位、系结手法能使丝巾呈现出独特的时尚感，为服饰带来变化。通常，丝巾可当头饰（见图6-37)，丝巾可当颈饰（见图6-38)，丝巾可当围脖（见图6-39)，丝巾可当披肩（见图6-40)，丝巾可当吊带（见图6-41)，丝巾可当腰饰（见图6-42)，丝巾可当裙子（见图6-43)，丝巾可当短裙（见图6-44)。

图 6-37　丝巾当头饰

服饰形象设计

图 6-38　丝巾当颈饰

图 6-39　丝巾当围脖

图 6-40　丝巾当披肩

图 6-41　丝巾当吊带

图 6-42 丝巾当腰饰

图 6-43 丝巾当裙子

图 6-44 丝巾当短裙

（二）帽子

史书《玉篇》记载："巾，佩巾也。本以拭物，后人著之于头。"由此可见，帽子原是劳动时围在颈部擦汗用的布。由于自然界中风沙、热浪、寒流对人类的袭击，人们将巾从颈部逐渐裹到了头上，在保暖、防暑、挡风、避雨和护头等实用功能的基础上，巾逐渐演变为帽子的形式。帽子作为一种戴在头部的服饰品，可以覆盖头的整个顶部，主要用于保护头部，部分帽子会有突出的边缘，可以遮盖阳光。总而言之，帽子有遮阳、装饰、增温和防护等作用。随着现代装饰品的不断发展，帽子的装饰性也不断加强。戴帽子和穿衣服一样，要尽量扬长避短。

1. 帽子与脸型的关系

帽子一定要与脸型搭配得当，这样才能体现出匀称的美感。帽子与脸型的关系如表 6-3 所示。

2. 帽子与身材、服装的搭配

身高较高的人适合戴量感偏大的帽子，如平顶宽檐帽，否则会给人头轻脚重的感觉；身高较矮的人则适合戴量感较小、高筒的帽子。服装搭配上，帽子的款式和颜色必须和衣服、围巾、手套及鞋子等配套。通常，帽子的搭配法则是：西装搭配礼帽、画家帽或棒球帽；大衣搭配贝雷帽；毛衣搭配渔夫帽；卫衣搭配棒球帽；衬衣搭配平顶帽；牛仔搭配牛仔帽；吊带长裙搭配遮阳帽；T 恤搭配棒球帽。一般情况下可以选择和衣服同色系的帽子，色彩单调的衣服可以搭配华丽的帽子，中性色的帽子可以搭配任何颜色的衣服。

表 6-3　帽子与脸型的关系

脸　型	适宜的帽子类型	图　示
圆脸型	适合戴可爱的帽子； 通过增加横向面积和纵向面积，能够在视觉上把脸部拉长； 通过硬顶帽子强调骨骼结构	
方脸型	方脸型的特点是下颌比较突出，脸部轮廓棱角比较鲜明； 要着重修饰下颌的线条，避免过于直挺的渔夫帽； 贝雷帽就是很好的选择	
菱形脸型	菱形脸型的特点是骨骼感清晰，额头较窄，颧骨比较突出； 遮盖额头、缩小颧骨、柔和线条是重点； 帽子戴在发际线的后面和底部（就在前额之前）最佳，渔夫帽可很好地修饰脸型	
长脸型	需要修饰脸的长度； 八角软顶帽能很好地修饰长脸型； 避免戴帽深比较浅或短边的帽子	
倒三角脸型	典型特征是宽额头、尖下巴； 需要选择能够遮盖额头、收缩颧骨的帽子； 适合柔软的经典绒面帽、棒球帽或软呢类帽	

（三）眼镜

在现代审美观念当中，眼镜的功能不再局限于矫正视力、遮挡太阳、保护眼睛，它已演变为饰品的一部分。因此，如何选择最适合自己的眼镜很重要。

1. 眼镜与脸型的款式

眼镜能够提高服装的时尚感，使用不同材质和造型的镜框，可以打造出不同的风格形象。眼镜与脸型的协调搭配非常重要，具体如表 6-4 所示。

表 6-4　不同脸型适配的眼镜款式

脸 型	镜 框	图 示
方脸型	不宜选择有棱角的镜框和完全曲线感的镜框，会更加突出脸部棱角； 直线和曲线相互搭配的方圆形镜框可以突出脸部的柔和感； 可以选择外轮廓偏圆润的镜框，视觉上修饰脸型的长度，显得更加亲切，例如圆形、心形	
椭圆脸型	基本所有种类的镜框均可匹配； 用塑胶圆形镜框可塑造可爱活泼的形象，用椭圆形金属镜框可塑造都市风格的形象，用圆形金属镜框可塑造整洁的形象	
菱形脸型	是东方人最为常见的脸型； 适合椭圆形或波士顿形镜框；塑胶镜框更能凸显尖锐的印象； 可以选择上边缘突出的镜框，这样可以使脸型更加宽厚饱满一些，例如圆形、方形、猫眼形等	
圆脸型	可以选择稍微带一点棱角修饰的镜框，有助于减少脸部的圆钝感，显得更加精致； 可选择正方形、多边形镜框等	
正三角脸型	选择镜框时需要格外注意不能强调下颌的线条； 不适宜佩戴惠灵顿形镜框； 选择天然色、椭圆形、轻塑胶镜框可以塑造朝气蓬勃的形象；用圆形镜框可以塑造大胆、新颖的形象	

2. 眼镜颜色的选择

在眼镜的色彩方面，皮肤偏黄的暖色系人适合选择金色、古铜色、咖啡色、橄榄绿、砖红色等暖色镜框；皮肤带青或偏粉红的冷色系人适合银色、黑色、白色、蓝色、紫色、粉红色等冷色镜框。眼镜的大小可遵照脚架与镜框接合处与脸同宽的原则。

在脸部饰品数量的选择上，如已有款式较为复杂的耳环、项链等，那么其他配件最好能省则省，或可以选择极细的浅色金属框或无框的眼镜款式，这样的眼镜搭配饰品不易造成冲突，但还是要注意耳环与短项链最好只取其一，耳环以小型的扣子状或是环状为佳。

（四）鞋子

鞋子是一种穿在脚上，用来保护足部，以便于行走的穿着物，它由皮革、布帛、胶皮等材料制成。鞋子有着悠久的发展史，大约在 5000 多年前的仰韶文化时期，就出现了兽皮缝制的最原始的鞋。

鞋子一般由鞋头、鞋身和鞋跟三部分构成。鞋头大致可分为圆、方和尖三种式样，不同的鞋头表现出来的风情各异：大圆头给人可爱稚气的感觉，小圆头温柔婉约；大方头帅气洒脱，小方头成熟典雅；尖头则妩媚又性感，最有女人味。鞋身可分为侧面、鞋面及后面三部分，脚宽的人应避免选择侧面裸露的式样。鞋面就是覆盖在脚面的部分，露出脚面的鞋子最适合腿部比例不够长的人，可以在视觉上延伸小腿长度，从而起到美化的效果。鞋跟需系带的鞋可在非正式场合、晚宴场合穿；全包跟的鞋是最正式、最恰当的款式，适合职场等正式场合。鞋跟的高低与形式也很丰富，低跟鞋舒服，但修饰效果不佳；6 cm左右的中跟鞋最为合理，既好看又好穿，且配裙、配裤皆可；高于 9 cm 的鞋正常情况下少见，因为跟部过高会超出人体正常承受极限。

1. 鞋子的款式与搭配

(1) 运动鞋：包括跑步鞋、篮球鞋、足球鞋、户外鞋、网球鞋、乒乓球鞋等。运动鞋(见图 6-45) 是为运动而设计的鞋子，主要特点是鞋底、鞋身都比较耐用、透气、舒适，在实现足部支撑和保护的前提下增加了缓冲和反弹力度，能使运动者更好地发挥身体的潜能。运动鞋以其舒适百搭的特点，成为日常穿着的首选，其搭配裤装或裙装均可。运动鞋搭配阔腿裤、牛仔裤或小黑裤，可打造休闲风格；运动鞋搭配休闲装，如牛仔裙、运动短裙等，可营造轻松自在的休闲风格，适用于日常出行、运动健身和通勤场合。

图 6-45　运动鞋

(2) 皮鞋：包括正装皮鞋、休闲皮鞋、马丁靴、切尔西靴等，是适合正式场合穿着的鞋（见图 6-46）。通常，皮鞋的外形庄重、设计精美，适合商务活动中穿。在正式场合中，如商务会议或晚宴，皮鞋搭配西装、衬衫、领带等，能够充分展现专业与成熟。在购物或朋友聚会等场合，可以选择休闲风格的皮鞋，如德比鞋或乐福鞋，它们与牛仔裤或休闲裤搭配，可以营造出随性而不失格调的氛围。此外，玛丽珍皮鞋与连衣裙搭配，可以展现出女性温婉优雅的一面；切尔西短口靴和皮质马丁靴，都能与裤子或裙子搭配，展现出时尚感。

皮鞋的搭配还需要注意细节造型的呼应。例如，选择与皮鞋颜色相呼应的袜子或是简单的中性色袜子，可为造型加分；领带、手表等配饰也可以与皮鞋的颜色和风格相呼应，以增加整体造型的精致感等。

图 6-46 皮鞋

（3）休闲鞋：包括帆布鞋、板鞋、休闲跑鞋、帆船鞋等，是日常生活中穿着比较舒适、随意的鞋（见图 6-47）。休闲鞋通常比较轻便灵活，其款式多样，适合日常散步、旅游、购物等休闲场合。休闲鞋因其百搭特性，可以搭配多种风格的衣服。例如，休闲鞋与无袖背心上衣和牛仔短裤搭配，能展现青春活泼的学院风，适用于校园、旅行等场合；休闲鞋搭配修身的连衣裙等能营造性感又随性的感觉。对于矮个子女生，可以选择高帮的休闲鞋，从视觉上拉长身形，从而显得高挑。

图 6-47 休闲鞋

（4）靴子：包括雪地靴、工装靴、安全靴等，是鞋帮略呈筒状且高至踝骨以上的鞋子（见图 6-48）。靴子长度最短的一种刚盖住踝骨，这种靴子的搭配性最强，搭配裙子时最好选择脚踝处包覆较紧密的款式，穿起来线条较流畅；搭配裤子穿时也很实用。稍长一点的靴子是至踝骨上方 9 厘米左右的靴子，适合搭配长裙。脚踝处略微放宽的款式，可以搭配长筒裤。切尔西靴、马丁靴等适合搭配牛仔裤或休闲裤，展现个性与不羁。筒靴在秋冬季节非常实用，搭配 A 字高腰短裙能修饰身材，拉长身形，同时掩盖腿部的不足。高筒靴还适合搭配长裙或大衣，展现优雅气质。

在靴子的材质和颜色方面，黑色的皮质靴子搭配简约的白色衬衫和黑色紧身裤，既显得干练，又充满力量感。棕色的皮质靴子则更适合与暖色调的衣物搭配，如卡其色风衣或米色毛衣，展现出温暖而舒适的感觉。轻便、透气的帆布靴子也是时尚达人的心头好，非常适合春夏季节，一双白色或彩色的帆布靴子搭配牛仔短裤和 T 恤，显得简单且清新。

图 6-48　靴子

(5) 拖鞋：包括家居拖鞋、夏季沙滩拖鞋、室外凉鞋等。拖鞋 (见图 6-49) 一般很轻巧，不具备特别强的保护功能，但是穿起来很舒适，便于穿脱。对于男性而言，一双简约大方的拖鞋是夏日出行的首选。深色系的拖鞋，如黑色或深棕色，不仅耐脏，还能与各种裤装或短裤轻松搭配。若想要更加时尚一些，可以选择带有金属装饰或印花图案的拖鞋。对于女性来说，无论是清新的凉拖鞋，还是复古的布艺拖鞋，都能展现出不同的风格。拖鞋的材质也是搭配时需要考虑的因素。皮质拖鞋质感高级，适合搭配正装或休闲裤装；布艺拖鞋则更加透气舒适，适合搭配短裤或裙装。此外，一些特殊材质的拖鞋，如草编拖鞋或塑料拖鞋，也能为造型增添一丝独特的风格。

图 6-49　拖鞋

(6) 高跟鞋：其作为女性鞋柜中的必备单品 (见图 6-50)，总能以独特的魅力为整体造型增添一抹亮色，其造型丰富，包括尖头高跟鞋、粗跟高跟鞋、细跟高跟鞋等。

高跟鞋的搭配需要注意三个方面，即颜色、材质与场合。颜色的选择至关重要，黑色、红色、裸色等经典色系，无疑是百搭之选，能轻松驾驭各种服饰搭配，无论是优雅的连衣裙，还是干练的裤装。彩色亮片、铆钉、蕾丝等元素在高跟鞋设计中的应用能够转换高跟鞋的不同风格，便于搭配不同款式的服装。

在材质方面，真皮、PU、绒面、漆皮等材质的高跟鞋各具特色。真皮高跟鞋质感细腻，透气性好，穿着舒适；PU材质的高跟鞋轻便耐磨，易于打理；绒面高跟鞋显得温柔婉约，充满女人味；漆皮高跟鞋光泽亮丽，时尚感十足。

高跟鞋的搭配还需要考虑场合。在正式场合中，一双精致的高跟鞋可以展现出女性的优雅与自信。例如，一套得体的西装或连衣裙搭配一双设计简约、颜色经典的高跟鞋，可以充分展现出职场女性的干练与魅力。在休闲场合，一双舒适的高跟鞋搭配牛仔裤、T恤等休闲服饰，既不失时尚感，又能展现出女性的青春活力。

图 6-50　高跟鞋

(7) 凉鞋：包括平底凉鞋、坡跟凉鞋、细带凉鞋等，是一种裸露脚部皮肤的鞋类 (见图 6-51)。一双舒适的凉鞋不仅能带来清凉，还能巧妙地搭配出不同的风格。一双简约的平底凉鞋搭配一条飘逸的长裙，或是与短裤和T恤搭配，是夏日休闲外出的最佳选择。一双色彩鲜艳的平底凉鞋，既能展现出度假的轻松氛围，又能让我们在人群中脱颖而出。在通勤场合中，凉鞋也是不可缺少的搭配利器。精致和正式的高跟凉鞋可以提升我们的气质，让我们在办公室中更加自信和优雅；经典的黑色或棕色中跟凉鞋，搭配一条修身的长裤或一条优雅的连衣裙，既能展现出我们的职业形象，又能让我们在夏日中保持清凉和舒适。此外，还可以选择一些设计感较强的凉鞋，如有金属装饰的凉鞋，可以给我们的造型增添一丝前卫感；一双带有复古元素的凉鞋则能展现出我们的独特品位，但要注意与整体造型的协调性，避免过于突兀。

图 6-51　凉鞋

(8) 船鞋：包括皮质船鞋、帆布船鞋等，是夏季常见的鞋款 (见图 6-52)，其简洁的线条和舒适的穿着感深受人们喜爱。船鞋搭配裙装、裤装均可，搭配裙装时，白色或米色的船鞋是经典之选，能与各种颜色的连衣裙搭配。棉质的半身裙可以搭配一双帆布材质的船鞋，展现出休闲随性的风格。船鞋与裤装的搭配也是夏季的常见组合，裤装搭配一双简约的船鞋，能营造出随性而不失格调的氛围。此外，一双带有花边、刺绣或颜色鲜艳的船鞋，能为整体造型增添一丝女性化的元素。

图 6-52　船鞋

简单来讲，鞋子的搭配可遵循以下原则：裙子越长则鞋跟越低，裙子越紧则鞋跟越高，短裙或短裤搭配长靴，鲨鱼裤搭配老爹鞋，工装裤搭配马丁靴，烟管裤或哈伦裤搭配乐福鞋，高腰紧身裤搭配长靴，直筒牛仔裤搭配板鞋，阔腿牛仔裤搭配老爹鞋，小脚牛仔裤搭配尖头鞋，紧身喇叭裤搭配高跟鞋。

2. 鞋子的色彩与搭配

出于搭配性的考虑，一般无彩色、中性色会成为鞋类的首选，如黑色、白色、咖啡色、米色等。实际上鞋类色彩的选择可以考虑以下几个因素：身材比例、肤色发色与服装风格。首先在身材比例方面，个子较矮或下半身比例较短的人，应尽量穿与下半身服装同色的鞋。这样能将下半身腿部比例拉长，视觉上与脚部相连，会显得腿较为修长。其次，要考虑肤色、发色，最安全的配法是鞋子的颜色与发色相同或是选择与肤色冷暖、明度协调的色彩。最后，在服装风格方面，可以选购一些与服装色彩统一、协调的鞋，如下装、鞋和袜子采用同色系组合，或是考虑鞋类与上衣或皮包同色，在色彩上也可以达到协调的效果。选鞋时一般选购款式普通、品质高档、经得起潮流演变的鞋，除非有特殊搭配需求，否则尽量不选择具有强烈流行性的鞋子。

在正式社交场合，男士皮鞋的颜色以黑色、深咖啡色或深棕色为主，搭配的袜子应该是深单一色的，黑、蓝、灰都可以。女士皮鞋以黑色、白色、棕色或与服装颜色一致或同色系为宜。正式场合中，女士长筒袜以肉色最为正式，不适合穿深色或花色图案的袜子。袜子与裙或裤子下摆之间不宜有间隔部分，这不符合服饰礼仪规范。"同色系搭配"是一种比较适宜的配色手段，在同色系搭配中，要注意调整色彩的明度亮暗差异，如深色与浅色相配合，能够给人正式、端庄和高雅的感觉。要把握的原则是服装的色彩偏浅，鞋与包的颜色更深一些。此外，还可以加入无彩色来调和整体色彩，如黑色、驼色、金银色装饰的鞋，都是很好的"百搭色"。

（五）包

1. 包的种类

包有实用性和装饰性两大功能。包的款式可以根据容量、用途、材质、风格、款型等多种因素进行分类，其中较为常见的就是根据容量和款型来进行包的分类。

1) 按照容量分类

在选择包时，实用性、装饰性与包的大小有一定的关系。包的种类可按照容量分为大型包、中型包、小型包三种。

(1) 大型包包括旅行包和休闲包。旅行包（见图 6-53)除了考虑外观，质轻且耐脏耐用的性能也很重要，此外便携提把、背带或轻质的拉杆也是选择包时需要考虑的重要因素。休闲包（见图 6-54)的使用频率通常会高于旅行包，休闲包也需要考虑面料，要求其足够轻、防水且实用便捷。

图 6-53　旅行包款式

图 6-54　休闲包款式

(2) 中型包包括公文包和计算机包。公文包（见图 6-55)在早期几乎是男性的专用品，而现代社会女性也越来越多地开始使用公文包。女性公文包通常整体造型线条柔软，有独特或细微的装饰，尺寸相较于男性公文包较小。计算机包（见图 6-56)也可以看作是公

服饰形象设计

文包的一种，适合经常需要随身携带笔记本电脑的人，其设计有便于放置文件与文具的夹层。

图 6-55　公文包款式

图 6-56　计算机包款式

(3) 小型包包括随身包和宴会包。随身包 (见图 6-57) 一般会放小皮夹、纸巾、口红和钥匙等物品，有些随身包会附上一个可拆卸的随手包，该随手包可单独使用或放在随身包中与之形成子母包。宴会包 (见图 6-58) 大多采用闪亮的样式，使用软质的缎面或加上亮片水钻等装饰，也有硬质 (如金属或漆皮) 的款式。宴会包可手拿或挂在手腕上，其小巧精致且华丽。

图 6-57　随身包款式

图 6-58 宴会包款式

2) 按照款型分类

包按照款型的不同，可以分为直线型包、曲线型包、直曲型包和不规则造型包。

(1) 直线型包 (见图 6-59) 包括法棍包、托特包、小方包、公文包、菱形包、风琴包、信封包等。

图 6-59 直线型包款式

(2) 曲线型包 (见图 6-60) 包括晚宴包、小圆包、月牙包、马鞍包等。

图 6-60 曲线型包款式

(3) 直曲型包 (见图 6-61) 包括剑桥包、水桶包、波士顿包、贝壳包、口金包、邮差包、

服饰形象设计

手拿包等。

图 6-61　直曲型包款式

（4）不规则造型包（见图 6-62）包括双肩包、帆布包、云朵包、流浪包、腰包、金属装饰包、玩偶包等。

图 6-62　不规则造型包款式

3）其他分类方式

按材质分类时，包可分为：皮革包，包括真皮包、合成皮革包等，其质感高级、耐用；尼龙包，其轻便、耐用、防水，常用于旅行和户外运动；帆布包，其具有休闲风格，轻便且易于清洁；金属包，如铝制或不锈钢包，常用于特殊场合或作为时尚配饰；塑料包，其轻便、防水，常见于休闲场合等。

按品牌分类时，包可分为：奢侈品牌（如 LV、Chanel、Hermès 等），有自己的经典款式和独特设计；时尚品牌（如 Zara、H&M、Gucci 等），通常推出多种款式以满足不同需求；快时尚品牌（如 Forever 21、Topshop 等），提供价格实惠的时尚选择。

2. 根据体型选择包

包与服装的和谐搭配要求包的款式、造型要与着装者的体型协调和统一。梨形身材的人，腰部和臀部比肩膀宽，因此包一定要在身体的上半部，肩带长度在胯部以上；H 形身材的人，三围比例相近，包在哪个位置就能突出哪个位置的曲线感，因此尽量让包在腰部，以创造身体曲线；苹果形身材的人，肩膀和大腿比胸围和腰部窄，因此手包、短肩带的单肩包、双肩包都要少背，肩带长度在臀部及以下或手提均可；沙漏形身材的人，肩臀等宽且腰部细，身形几乎适合所有包型，肩带长度可根据穿搭选择，若上身量感大，则可以把包的位置放到下半身。

3. 包与服装的搭配

包和服装在色彩、图案上存在着既对比又协调的美。当选择色彩和图案都很丰富的衣裙时，提包在形或色的表现上都要力求简洁、单纯，借此突出服装的美，同时也反衬出提包的魅力，从而达到丰富与简单的对比美。如果服装的色彩纯度很低，则提包就应采用较为明快的色彩，以形成明与暗的对比，在不失服装灰暗色调的同时，增添了几分活跃感。有时也运用配套服饰设计，即提包、腰带、手套等几种配件均选同一种材料或颜色，以产生强烈的上下、前后的呼应和联系，给人以极强的统一感。包和衣服呈同色系深浅的搭配方式，可以营造出非常典雅的感觉，例如深咖啡色套装搭配驼色包；包和衣服呈强烈的对比色的搭配方式，将会是非常抢眼的，例如黑色套装搭配红色包。

思 考 题

1. 服饰品的作用是什么？
2. 中国的传统服饰品有哪些？
3. 以丝巾为例，制作美学沙龙讲座的 PPT。
4. 谈一谈鞋子搭配的注意事项。

服饰形象设计

第七章
场 合 着 装

　　穿衣的最高境界是得体，因为得体的穿着打扮不仅能够表现个人的精神面貌，还能赢得别人的好感与信任。穿着得体看似简单，但十分讲究，因为不同的场合需要不同的衣服来衬托氛围，不同的人需要不同的服饰元素来传递信息。个人在不同场合中的着装，不仅是其内心对这个场景的认知和表达，也代表着个人的人生态度和生活方式。

第一节　场合着装基础理念

　　大多数人通过学习找到了适合自己的色彩和风格，但每次参加活动时，依然会遇到问题。其实，应该根据出席的场合和主题来选择穿什么样的衣服，以达到和谐统一的效果。在不同的时间、地点、场合，服饰的整洁、美观、得体不仅是社交的需要，也体现个人素养和工作态度，因为个人形象不仅代表自己，也代表其身后的企业、组织乃至国家的形象。

>>> 一、场合着装的概念

　　场合着装是指根据不同的场合要求进行服饰搭配，以实现正确的自我表达，它是美感和生活需求的完美融合。场合着装体现的是对生活的一种全面掌控力，是对一个人"认知、判断、选择、呈现"这四种

何为场合着装

能力的综合考验。场合着装的前提是我们要足够了解自己，并且在开始购置服饰前就应该了解自己经常出席的场合类型。首先，要清楚自己所出席的场合的氛围是时尚的还是严谨的，是活跃的还是冷峻的，是庄重的还是轻松的；其次，要了解自己代表什么样的角色出现在这样的场合中，是主角还是配角，或是普通参与者；最后，要了解出席这个场合的时间（是白天还是晚上）和地点。虽然不可能做到十全十美，但是要尽可能地考虑周全；不一定要奢华，但是一定要明确自我角色定位和目标需求。目前，国际上通用的场合着装准则是 TPO 原则。

TPO 原则是有关服饰礼仪的基本原则之一。它是由日本男装协会于 1963 年提出的，旨在确立日本国内的男装国际规范和标准，进而提高国民整体形象。值得一提的是，TPO 原则不仅在日本迅速推广开来，也被国际时装界认同和接受，并成为通用的国际服装着装准则。TPO 原则中的 T、P、O 三个字母分别是时间 "Time"、地点 "Place"、场合 "Occasion" 英文单词的首字母。TPO 原则要求人们在选择服装、考虑具体款式时，应当兼顾着装的时间、地点、场合，使其协调一致。

T(时间) 原则：广义上可理解为时代、季节，即着装要考虑一年四季不同气候条件的变化，确保冬暖夏凉、春秋适宜；狭义上可理解为一天当中具体的时间 (如白天、晚上)，晚间宴会着装以晚礼服为宜，白天则更适合日常典雅的装扮。

P(地点) 原则：广义上涉及国家、地域的差异，即着装需与不同国家、地域的文化背景相协调；狭义上涉及具体的地点、环境，即着装要与不同的地点、环境协调，以获得视觉与心理上的和谐。

O(场合) 原则：人们的着装应与其社会角色和特定场合 (如工作、休闲、娱乐场合) 的氛围相适应。无论是正式的商务会议、休闲的聚会，还是文化活动或体育赛事，每种场合都有其特定的着装要求和期望。

>>> 二、场合着装的重要性

场合着装的重要性在于它不仅仅关乎外表的装扮，更关乎内在的修养、自我形象的塑造以及社交能力的展现。不同场合下，恰当的着装如同为我们披上了一层恰到好处的社交外衣，让我们既能融入环境，又能彰显个性，而不至于显得格格不入。例如，在商务场合，男士身着剪裁得体的深色西服套装，领带点缀其间，这样的装扮不仅是对客户的尊重，也是对自身职业形象的精心维护。同样，女士在隆重的晚宴上，身着优雅的礼服，脚踏高跟鞋，妆容精致，配饰得当，这样的装扮不仅让人眼前一亮，更展现了女性独有的魅力与风度。更为微妙的是，当人们遵循场合着装规则时，人们的言行举止也会不自觉地受到正面影响，穿上正装，人们的坐姿会更加端正，走路会更加稳健，连说话的声音都会不自觉地放低放缓，展现出一种从容不迫的气质。因此，场合着装是内在精神与外在表现的高度统一。当人们谈论着装的重要性时，实际上也是在谈论如何在不同的社交舞台上，以最恰当的姿态展现自己，而在这个过程中，对场合着装的敏锐洞察与准确把握，显然比单纯追求时尚风格更为重要。因为，风格可以变化，但尊重与得体却是跨越时空、永恒不变的社交准则。

场合着装的意义

>>> 三、场合着装的规则

（一）职业场合——穿出严谨感

职业场合强调的是"干一行、像一行"，因此在职业场合的形象打造中，应主要围绕以下几个核心关键词：专业、干练、利落、可信赖。当我们的着装能够体现以上品质的时候，基本上就是得体的。

场合着装的规则　　　场合搭配现场
　　　　　　　　　理实一体化教学

服饰形象设计

（1）职业场合的形象目标：严谨、职业、干练，让人感觉自己能胜任这份工作，同时给同事、领导以及客户留下良好的印象，以此表达自己对工作的严谨、对客户和同事的尊重。严谨、职业、干练的标准应放在第一位，美丽的标准应放在第二位。职场中既不能过于严肃保守，也不能随意开放。女性在职场中不宜过度突出女性化的特质，要注意自己的着装不能明显优于上级领导，这有利于建立和谐的职场关系。

（2）职业场合的服装款式：整体上应该是简约的，因为太复杂的款式无法表达严谨、干练；偏直线型的剪裁与直线型的图案造型比较合适，因为直线比曲线更具有理性特质；对于女性来说，款式切忌太透、太露、太紧，因为透、露、紧过于强调女性化的特质，无法表达严肃感与职业感。

（3）职业场合的服装颜色：整体上体现端庄、稳重与典雅，应该选择中性色彩，如黑、白、灰、蓝；不要选择大面积鲜艳的颜色，因为鲜艳的颜色所表达的个性较强烈，无法表达严谨感。

（4）职业场合的服装材质：整体上选择平整、精致、挺括、亚光的面料，太粗糙、强光泽的面料不太适合职场，太柔软的面料则无法表达力度感。

（二）晚间社交场合——穿出隆重感（出众感）

社交场合指的是工作之余交往应酬的场合，比如宴会、舞会、音乐会等。社交场合的着装很多时候会影响社交的质量。相较于职业场合的内敛，晚间社交场合则更为高调和张扬。在很多的影视剧中，女主角华丽变身的场景往往发生在晚间社交场合，精致的妆面、隆重而又华丽的礼服让女主角瞬间从丑小鸭变成了白天鹅。

（1）晚间社交场合的形象目标：隆重、正式、出众、醒目，要求着装在遵守社交礼仪的同时，还能展示专业形象、建立人际网络、提升个人魅力。例如，通过服装的细节或配饰吸引他人的注意，增加社交的互动机会。女士一般着长礼服、高跟鞋，男士一般着西装、领带、衬衫。

（2）晚间社交场合的服装款式：要有一定的露肤度、一定的修身度。一定的露肤度是隆重感的表达方式，在皮肤的映衬下，加上配饰会显得醒目与隆重；修身可以凸显女性气质，如大礼服的款式一般是无袖、大领口或者露背的，再配以细高跟鞋，可完美展现女性魅力。

（3）晚间社交场合的服装颜色：对于女士而言，服装颜色可选择的范围较大，且妆面的色彩可以浓艳一些。

（4）晚间社交场合的服装材质：材质的选择，同样是打造晚间社交璀璨形象的关键。适当的光泽度，能为整体造型增添一抹亮色。但切记，过多的闪烁可能适得其反，因此在光泽材质的运用上需适度，让每一个闪光点都成为恰到好处的点缀。

（三）日间社交场合——穿出得体感

日间社交场合的形象塑造既不像职业场合那么严谨，也不像晚间社交场合那样高调，它介于职业场合和晚间社交场合的平衡地带，因此这个度比较难把握。在日间社交场合，可穿着晚间小礼服（晚间小礼服与晚间大礼服之间的区别就是裙长变短了）、新中式套装。

（1）日间社交场合的形象目标：优雅、端庄、令人尊重、舒适，着装应既能反映个人的职业形象，也能保持舒适和自在，以促进积极的社交。

(2) 日间社交场合的服装款式：需要控制露肤度，服装基本上是有领子、有袖子的款式，既显端庄，又避免过分暴露，透露出得体与高雅。

(3) 日间社交场合的服装颜色：往往以偏柔和的色彩为主，以展现温馨感，妆容用色清透、淡雅。

(4) 日间社交场合的服装材质：可以稍微展现一点不失分寸的华丽感，如细腻的绸缎、轻盈的纱质或是精致的刺绣，都能在不经意间透露着装者的不凡品位和对生活的热爱。但切记，一切华丽皆需以得体为前提。

（四）休闲场合——穿出松弛感

在休闲场合，人们可以选择宽松版型的服饰和棉麻之类的自然材质的衣物，让身体舒适地展现美感，保持放松的状态。这里要强调两点：一是休闲不等于邋遢；二是休闲不仅仅体现在穿衣风格上，更是一种生活态度，让人们在忙碌的生活中找到闲适和自我。

(1) 休闲场合的形象目标：简单舒适，自然放松，看似随意的装扮，实则蕴含了精心设计的简约美，并且在不经意中透露着高级感。

(2) 休闲场合的服装款式：有一定的宽松度且方便运动的服装。

(3) 休闲场合的服装颜色：可以根据自己的喜好和自己适合的色彩季型进行选择，一些接近自然的色彩，如米色、浅灰色、淡粉色、淡绿色等，不仅能够与大自然融合，还能带来温暖的视觉感受。

(4) 休闲场合的服装材质：没有什么具体的限制和要求，以展现放松、随意为主。天然面料（如棉麻、纯棉等）无疑是最佳选择，它们不仅具有良好的透气性和吸湿性，能够经受住长时间的日晒和汗水的考验，又能使穿着者感受舒适与自在。

>>> 四、场合着装的灵活运用

塑造良好的场合着装形象，关键在于"适合"与"灵活"的结合。第一，了解自己的风格。每个人都有其独特的气质与魅力，选择符合自己风格的服饰，能自然展现出最美的一面，这不仅让自己感到自信，也让周围人感受到我们的真诚与自在。第二，在适合的范围内寻找个人喜好。时尚不应是束缚，而应是自我表达的方式。在符合场合要求的前提下，加入自己喜爱的元素，让着装成为愉悦心情的源泉，既得体又不失个性。第三，最重要的还是"穿对场合"。不同的场合有着各自的着装规范与氛围，准确把握场合需求，穿着得体，不仅体现了我们的礼仪与教养，更能让我们在人际交往中游刃有余。第四，得体的场合着装还要有效结合自我社会角色。例如，公司的领导需要在重要的谈判中表达出自己的可信感、力量感；普通员工需要在上班时表现出自己的职业感、责任感；妻子陪丈夫出席重要宴会时需要表达出得体、优雅的氛围；专业化妆师通过装扮传递的审美与技艺，也彰显着场合着装与社会角色的结合。

为什么许多人学习了场合着装的规则，实际应用时仍频频出错，这背后的原因引人深思。2019 年某场招聘人物形象设计教师的面试中，一位服装设计专业的应聘者，身着皱巴巴的白衬衫与黑棉麻裤出现在众人面前，坐在中间的教授问她："你今天穿这个衣服适合面试吗？如果不适合，你能画出一套适合的服装在黑板上吗？"面对教授的提问，她虽自知不妥，却画出了与面试氛围极不相符的抹胸礼服。这一幕，不仅让人惊讶于她对面试着装理解的偏差，更反映出着装审美教育普及的迫切性。即便是受过专业训练的人，也可能在将知识转化为实践时遭遇困境，更何况是广大普通学生群体。这恰恰说明了，学习场合着装不仅仅是记住几条规则那么简单，更重要的是要理解这些规则背后的逻辑，学会根据不同情境灵活调整，不断提升自己的审美水平与应变能力。只有这样，才能在各种场合中以最佳状态迎接每一个挑战与机遇。

第二节　满足不同场合的必备基本款

真正的美，需要洗尽铅华，方能窥见本真与至善。与那些时尚华丽的衣服相比，基本款简约的设计和配色让它自带百搭属性，成为永不过时的常青款。

▶▶▶　一、基本款的概念

基本款是指经得起时间考验、易于搭配、易于维护且深受大众喜欢的服饰。这种服饰的特点是简单、贵气中带着井然有序的层次细节，不挑人、不挑身材、不挑气质，低调又显知性，能体现一个人的审美与品位。穿对基本款，能让人在平凡中展现魅力。

▶▶▶　二、基本款的选择思路

基本款的选择体现了一个人的审美智慧。通常时尚博主或时尚达人晒出的穿搭是在上百件甚至是在更多单品中做出的最优选择，这些看似不经意的选择，实则蕴含着时尚的智慧。

（一）简约的款式

简约的款式是指低调、简洁，无烦琐的装饰，无特殊剪裁的款式。具体来说，就是款式辨识度不高，造型感不强，给人大气和谐的感觉；人为装饰少，但可以融入一些别具巧思的小创意，例如小小的字母或爱心，一点点的不对称设计等。此外，应重视版型，版型好的衣服能够很好地修饰体型。基本款通常很容易搭配，一件基本款的服装至少有三种搭配方案，能够穿两个季节以上。

（二）中性的色彩

基本款对色彩很敏感，不会使用过多的颜色和大面积的艳色调，反而是大量利用黑、白、灰、米、棕、褐构成主色调，可以加入蓝色、卡其色等中性色彩，这样的配色简单却又拥有让人过目不忘的魅力。过多颜色的服装容易看上去廉价且不好搭配。在服装的色彩搭配中，身上的颜色越少，越显高级感，例如同色系搭配就很高级，时装周、时尚大片中有很多同色系搭配的例子。前卫色系的服装虽有趣，但不适合作为衣橱基本款，容易让人审美疲劳。

（三）良好的面料

服装的面料是构成服装的主要材料，直接影响服装的外观、风格和性能。基本款服装的面料带给人的冲击力和影响力是很明显的。例如，我们形容面料时通常会说阳刚与阴柔、光滑与粗糙、繁复与简约、高档与普通、经典与时尚、顶级与奢华等。良好的面料让人穿着舒适，不会损害身体，还能经得起考验。一件大衣或一件白衬衫，其品位往往藏在细节中，看似朴素无华，实则以质取胜。因此，选购面料时应在我们的预算范围内选择相对好的面料。

总的来说，基本款服装是每个人衣橱中的必备品，它为搭配提供了无限的可能性，唯一的不足是缺乏惊艳度，需要穿着者利用个性化配饰、设计感强的单品，以及通过混搭、叠穿等方式来提升时尚感。在选择特定场合适用的单品时：一要明白场景，也就是出席的场合需要隆重一点还是低调一点；二要明白角色，即自己在这个场景里扮演的角色，是主角还是配角；三要明白效果，即自己想要达到的效果或希望给人留下的印象。对于极具气质与实力的人来说，基本款是既低调又精致的穿搭。

》》》 三、基本款必备单品

时尚是选择的智慧，如果我们了解基本款背后的社会文化以及穿搭方式，就会懂得如何借助时尚与美的力量呈现智慧。基本款单品的设计初衷是为了更好地把控自己的衣橱，通过灵活搭配演变出无数种风格，从而呈现穿衣智慧。好莱坞著名造型师 Kate Young 曾说，时尚的重点永远是选择适合自己的单品，就算这件单品已经过时，但是碰到气场相契合的人，一样能够碰撞出博人眼球的时尚效果。在个人的衣橱中，应该有足够的必备单品，以满足不同场合的需求。

下面介绍几款必备单品及其穿搭方案。

（一）小黑裙

小黑裙（见图 7-1）是必备基本款的首要单品，不仅因为它的多功能性和简约风格，更因为它随着时代的变迁不断演变，可适应不同女性的审美和需求。1926 年，香奈儿女士发布了一张著名的小黑裙设计手稿：直身基本款搭配经典珍珠项链。她的设计理念是为女性创造出既舒适又保持女性韵味的服装，同时该设计颠覆了当时社会对黑色的传统观念，将黑色带入日常着装，使之成为优雅和时尚的象征。小黑裙在第二次世界大战期间经历过一轮快速兴盛，在此期间战争造成大量男性伤亡，女性开始走入职场，小黑裙凭借剪裁简洁、线条优雅及亦刚亦柔的独特女性气质，很快成为时尚单品。第二次世界大战后，随着战后重建，迪奥先生将小黑裙打造出张扬又华丽的风格，并且经历过一轮鼎盛时期，服装造型产生了丰富的变化，小黑裙在长短、腰身、袖型等设计元素上展现出丰富的变化与创新，但小黑裙经典优雅的基本特征、恰到好处的藏与露始终没有改变。1960 年，随着电影业的发展，小黑裙开始走向华丽，从《蒂凡尼的早餐》中奥黛丽·赫本的定制小黑裙到玛丽莲·梦露的性感小黑裙，再到今天的基本款小黑裙，其更加简约修身，既不会过于隆重，也不会单调乏味，成为永不过时的优雅的象征。

小黑裙的可塑性极强，可以根据不同场合和个人风格进行搭配。它可以优雅，可以时尚，可以神秘，可以搭配各种外套。时尚圈流行一句话："当你不知道穿什么的时候，小黑裙就是永不过时的最佳选择。"

图 7-1　小黑裙

小黑裙的搭配方案如下：

(1) 小黑裙＋珍珠项链＋黑色高跟鞋，低调沉稳，接近大众审美，适合日常穿着。

(2) 小黑裙＋小香风外套，低调中带着奢华，精致典雅、简洁高级、独立不羁。

(3) 小黑裙＋西装外套，利落得体，严谨端庄。

(4) 小黑裙＋开衫，选择短款的小黑裙，精致利落中透着休闲随性。

(5) 小黑裙＋风衣外套＋风衣同色鞋子，层次感丰富，经典永恒、优雅知性。

小黑裙至少有 100 种搭配方案，这里仅列举上述 5 种，感兴趣的读者可举一反三。

（二）白衬衫

白衬衫 (见图 7-2) 是时尚界基本款的杰出代表，它不挑场合、不挑季节、不挑肤色，被称为衣橱的终极必备单品。它传达出整洁专业、简单干净、轻松随性的得体的形象，适用于许多正式和半正式场合。

由于白衬衫日常穿着普通，因此很多人忽略了白衬衫的时尚性。但懂时尚的人都喜欢穿白衬衫，例如奥黛丽·加布里埃·香奈儿女士和奥黛丽·赫本都特别钟爱白衬衫。电影《罗马假日》中赫本卷起衬衫袖子、系上丝巾的经典形象，生动诠释了白衬衫的活泼、优雅感。此外，浪漫风格的影星玛丽莲·梦露和莎朗·斯通，也通过白衬衫打造出令人难忘的经典造型 (前者与爱人约会时选择了白衬衫；后者和爱人参加奥斯卡颁奖典礼时也穿了一件非常简洁的白衬衫)。白衬衫做工简洁,质感挺括,纤尘不染,无须考虑穿着者的年龄,而且穿着白衬衫的人给人感觉其拥有良好家世、良好教养,不管经历过多少大风大浪和磨难,依旧拥有这样的品质。白衬衫颜色的选择很重要,皮肤偏暖的人适合米白、奶白、象牙白,皮肤偏冷的人可以选择纯白、月白、银白。选择白衬衫时要注意材质,纯棉给人亲切感,麻料给人文艺范儿,真丝给人以华贵感,雪纺给人女人味。

图 7-2　白衬衫

白衬衫的搭配

白衬衫的搭配方案如下:

(1) 白衬衫 + 裙子,白衬衫和裙装的组合,三分正式,七分优雅,轻松穿出高级感和气质。

(2) 白衬衫 + 牛仔裤,高级又减龄,上宽下窄,松紧有度,展现层次美。

(3) 白衬衫 + 阔腿裤 + 腰带,又飒又美,气场十足,配饰上可选金属配饰,鞋子选择一些比较有分量的小高跟。

(4) 白衬衫 + 西裤,利落干练、简约知性,轻而易举穿出职业感。

（三）西装

西装 (这里主要指上衣,见图 7-3) 深受人们喜欢的原因是它有深厚的文化底蕴和内涵,被人们认为是"专业、可靠、权威"的象征。西装的主要特点是外观挺括,线条流畅,款式简约。西装源于日耳曼民族服装,据传当时是渔民为方便捕鱼而穿的。大概在 19 世纪40 年代前后,西装传入中国。1879 年,宁波人李来义在苏州创办了中国人开的第一家西服店——李顺昌西服店。1911 年,国民政府将西装列为礼服之一。1919 年后,西装作为新文化的象征,在冲击传统的"长袍马褂"的同时得到发展,逐渐形成一大批以浙江奉化人为主体的"奉帮"裁缝专门制作西装。

女性穿男装由来已久,传说中的花木兰就女扮男装替父从军。第二次世界大战以来,参加工作的女性越来越多,她们力求像男性一样给人们留下一个扎实能干、沉稳老练的良好形象,于是她们纷纷仿效男性穿着潇洒的西装,女式西装应运而生,此时众多职业女性的穿着一般为上衣下裤或上衣下裙。西装的流行趋势显示,女式西装款式多变,从短款到长款、从修身到宽松,满足了不同场合和个性的需求。

西装是包容性特别强的服装,可适应多种场合。无论是商务场合还是休闲场合,女性都可以通过西装来表达自己的独立精神和时尚态度。对于喜欢时尚的人来说,西装是刚需,其端庄、大气、时尚，是最不容易出错的单品，它既可诠释热度不减的复古风潮，又能呈现大女人风格。从经典的单排扣、双排扣，到现代的 oversized 款，以及各种颜色和面料的变化，西装的丰富款式为女性提供了多样化的穿着，可适应不同人群的审美需求和个性表达。

选择西装时一定要注意领型，领型不仅影响着西装的外观，还与穿着者的身材、脸型以及所出席的场合息息相关。平驳领是西装领中使用最广泛的领型，商务或休闲场合都适合；戗驳领上窄下宽，比平驳领更显正式和时尚；青果领的领面似青果形状，领口呈现出一个流畅的曲线，给人以优雅谦和的感觉，常见于晚礼服和正式场合的服装，适合隆重场合，也适合混搭；无领西装是一种具有现代感和时尚感的设计，适合非正式场合和创意场合。

图 7-3　西装

丝巾与西装

西装的搭配方案如下：

(1) 西装套装，同色系搭配，给人协调感，适合职场穿着，简约高级又有力量感。

(2) 西装 + 裙子，张弛有度，优雅、自信、时尚大方又不失女人味。

(3) 西装 + 牛仔裤，商务、休闲场合都适合。

(4) 西装 + 衬衫，经典搭配，利落、干练。

（四）风衣

风衣（见图 7-4）是一种挡风的外衣，适合在春季、秋季、冬季三个季节穿，是近二三十年来深受大众喜欢和较流行的服装。从时尚感和百搭性来说，风衣是所有单品中的佼佼者。风衣最早出现于第一次世界大战中，当时英国陆军时常在阴雨连绵的天气里进行艰苦的堑壕战，为了使部队的军服能适应战争的环境，英国有位名叫托巴斯·巴尔巴尼的衣料商人设计了供堑壕战用的防水大衣，国外把这种大衣称为堑壕服。这种大衣最初的款式具有如下特点：前襟双排扣，领子能开能关（国外称这种领型为拿破仑领），有腰带，右肩附加裁片，有肩襻、袖襻，插肩袖，有肩章，在胸部和背部有遮盖布，以防雨水渗透，下摆较大，便于活动。当时，这种大衣仅限于男士穿着。随着时代的变迁，风衣逐渐演变并流行到民间而成为生活服装，而且成为世界上第一套被女士采用的男装女着的时尚服装，深受女士们的钟爱，经久不衰，一直延续到今天。

　　风衣之所以受不同年龄、不同性别的人群的垂青和喜爱，其原因是多方面的。首先是美观实用，造型灵活多变。风衣不仅比大衣、西装等礼服活泼随意，而且也比夹克衫、休闲便服高雅大方，具有穿着、行动、携带、保存都较方便的特点，还可以挡风，并能借助于服装的造型使人体显得线条明快、身材匀称，增添风采和韵味。其次是极富魅力和风采，能体现穿着者的身份和地位。如今，风衣作为时尚界的经典单品，经常被时尚博主和明星所穿。它也是大女主的必备单品，浪漫中带着一股洒脱气质，让女性在保持温柔和体面的同时，还显得干练有力。

　　选择风衣时要注意色彩和长度。卡其色风衣是首选，内搭可以选白色。如果卡其色风衣不适合，可选择藏青色风衣。风衣的长度在膝盖以上 3～5 cm 处最显腿长，内搭尽量不要超过风衣的长度。

图 7-4　风衣

　　风衣的搭配方案如下：

　　(1) 长风衣 + 及膝裙，非常经典的穿着方式，呈现出层次感及优雅的风度。

　　(2) 长风衣 + 卫衣，休闲又减龄，再搭配平底鞋，可营造出清新甜美的动人风貌。

　　(3) 中长风衣，可直接当作连衣裙穿，穿搭可塑性强，系上腰带，呈现漫不经心的美。

　　(4) 风衣 + 阔腿裤，在视觉上最大程度地拉长身高，显得利落、帅气。

（五）大衣

　　大衣 (见图 7-5) 是秋冬季节穿在最外层的长外套，其长度一般从臀部至脚踝不等。大衣最初用于防寒，后来逐渐发展为展示身份和时尚感的服饰。大约在 1730 年，大衣出现于欧洲上层社会的男士中。19 世纪 20 年代，大衣成为日常生活服装，其设计为大翻领、收腰式，襟式有单排纽、双排纽。约 1860 年，大衣长度又变为齐膝，腰部无接缝，翻领缩小，衣领缀以丝绒或毛皮，以贴袋为主，多用粗呢面料制作。女式大衣约于 19 世纪末出现，是在女式羊毛长外衣的基础上发展而来的，衣身较长，其设计为大翻领、收腰式，大多以天鹅绒作为面料。在中国，大衣的历史也颇为悠久。据《礼记》记载，早在先秦时期，就有在丝绵长袍外穿着的"表"，这可以视为中国大衣的早期形式。大衣也是古代妇女的礼服，宋代高承的《事物纪原·衣裘带服·大衣》记载："商周之代，内外命妇服诸翟。唐则裙襦大袖为礼衣。开元中，妇见舅姑，戴步摇，插翠钗，今大衣之制，盖起於此。"西式大衣约在 19 世纪中期与西装同时传入中国。

大衣的魅力在于：设计简洁且优雅，能够跨越时间的限制，不易过时；款式多样，能满足不同审美和风格需求；适应多种场合，无论是在日常通勤场合、正式场合，还是休闲聚会，大衣都能展示出穿着者的风采。

选择大衣时要注意与身材匹配，身材较矮的人适合中短款，身材高挑的人适合长款；大衣面料首选是羊毛、羊绒，显质感且保暖；大衣的颜色尽量选择中性色，如黑色、灰色、驼色，大面积的艳色会显得俗气。

图 7-5　大衣

大衣的搭配方案如下：

(1) 大衣 + 高领毛衣，时尚、高级。

(2) 大衣 + 裙子，高贵典雅，保证温度的同时也保留了优雅的风度。

(3) 大衣 + 西装 (内搭)，流行且经典，适合多场景穿搭。

(4) 大衣 + 围巾，选择和大衣同色系的大围巾款式，可营造出一种不刻意的随性慵懒风和文艺范儿。

（六）T 恤衫

T 恤衫 (见图 7-6) 以其自然、舒适、潇洒而又不失庄重感的优点，逐步替代了背心或汗衫，成为全球男女老幼均爱穿的服装。关于 T 恤衫这一名称的来历，众说纷纭。一种说法是 17 世纪美国马里兰州安纳波利斯卸茶叶的工人穿着一种短袖衫，于是人们用 tea(茶) 的首字母命名这种衬衫，即 T-shirt(T 恤衫)；另一种说法是 17 世纪英国水手为了遮掩腋毛在背心上加上短袖；还有一种说法是由袖与上身构成 T 字形，故而得名。T 恤衫真正被广大消费者所喜爱是在 20 世纪 40 至 50 年代。据说在 1947 年的一个夜晚，在美国百老汇的一家戏院里，当演员马仑•希拉多身穿一件紧身的 T 恤衫在舞台上出现的时候，有人惊呼："太野了。"可就是这一"太野了"的举动打开了 T 恤衫的销路。因为它大方、简便，能充分表现健美的人体和年轻的活力。1951 年美国著名好莱坞影星马龙•白兰度在电影《欲望号街车》中身穿 T 恤衫的形象，引起了观众的注目，使 T 恤衫成了具有阳刚之美的青年象征。20 世纪 60 年代初，时尚的年轻女性也穿起了 T 恤衫，并配以蓝色的牛仔裤或超短裙，更增添了穿着者洒脱、随意、轻松、明快、利索的青春活力。

　　年轻人穿 T 恤衫显得时尚、性感，老年人穿 T 恤衫则显得年轻、轻松、潇洒，儿童和少年穿 T 恤衫更显得朝气蓬勃、活泼可爱。T 恤衫不仅具有方便随意、舒适大方、简洁素净和平等时尚等特点，其价格也能被工薪阶层接受。它使男士们甩掉了领带，从烦琐的着装中解放出来，给人以一种平等、亲近之感。女士穿 T 恤衫可使身材更显苗条和轻盈，给人以健康、和谐、协调的感受。

　　选择 T 恤衫时：一要看版型，越宽松的 T 恤衫越中性，越紧身的 T 恤衫越强调女性感；二要看面料，面料会影响 T 恤衫给人的感觉，纯棉材质会有种自然挺括感，适合年轻休闲类搭配风格，莫代尔、天丝等更柔滑垂顺，相对成熟，适合通勤穿；三要看图案，如条纹 T 恤衫可使穿着者更显青春活泼，不失文化品位。

图 7-6　T 恤衫

　　T 恤衫的搭配方案如下：

(1) T 恤衫 + 阔腿裤，自然清爽，展现了随性美，表达了自己的品位和时尚感。

(2) T 恤衫 + 半身裙，休闲时尚，适合胯宽腿粗的人。

(3) T 恤衫 + 牛仔裤，经典百搭，时尚活泼。

(4) T 恤衫 + 各种外套，低调、舒适。

（七）铅笔裙

　　铅笔裙 (见图 7-7) 是一种直且窄的紧身裙，其特点是紧紧包裹着下身曲线。这种裙子能够完美地勾勒出女性的身材线条，被视为展现女性气质和力量感的服装。据说一名叫

Edith Berg 的女士乘坐飞机时，莱特兄弟为了防止她的长裙被机器夹住，在她的脚踝处系上了一根绳子，后来就出现了铅笔裙的前身，即蹒跚裙 (Hobble Skirt)。蹒跚裙是一种下摆狭窄、对穿着者的活动有所阻碍的长窄裙，着裙者无法迈出过大的步履，但其造型简洁明快，漂亮的轮廓凸显出女性的曼妙身姿，使得它一经推出就受到了上流社会新女性的追捧，风靡一时。而真正将这个款式带入现代时装的人是迪奥先生。1947 年，迪奥先生以字母 H 来描述其形状，推出了经典的现代铅笔裙。与蹒跚裙相比，现代铅笔裙虽然依旧是直且窄的紧身裙，但裙长由及踝提升至膝下或及膝，也给了女性更多的行动自由；同时引入了在后摆或两侧开衩的设计，也有某些铅笔裙会以打褶来取代开衩。铅笔裙的这一"进阶"，能使穿着者在保持优雅的同时行走自如。虽然铅笔裙看起来简单，但它却能够在细节处彰显出精致和时尚感。无论是高腰设计、蕾丝装饰，还是开衩设计，都能够让铅笔裙更加别致。

铅笔裙一年四季都可以穿，在选择铅笔裙时要注意长度和色彩。铅笔裙的长度要根据场合和身材挑选，在通勤场合，长度要盖过膝盖，其他场合可以根据场景氛围灵活调整。常用的穿搭技巧是把上衣下摆塞进裙子腰头，以强调高腰线，同时搭配高跟鞋，拉长腿部线条，平衡腿部比例。前开衩的铅笔裙可以打造腿部的黄金三角，刚好把大腿最粗的地方遮住，又在小腿部分营造出无限延伸的视觉。铅笔裙最百搭的颜色是黑色，其次是灰色、白色、米色、藏蓝色；图案可选择千鸟格、条纹、波点等，但纯色往往更百搭。

图 7-7　铅笔裙

铅笔裙的搭配方案如下：

(1) 铅笔裙 + 卫衣，俏丽又休闲，随意又不可复制，混搭又减龄。

(2) 铅笔裙 + 毛衣，上松下紧，形成一种平衡，高级又保暖。

(3) 铅笔裙 + 衬衣，魅力知性，轻松展现自信优雅，是职场中的经典穿搭。

(4) 铅笔裙 + 羽绒服，选择长款铅笔裙，配上腰带，时尚又保暖。

（八）西裤

西裤 (见图 7-8)，顾名思义，是指西方风格的正式或半正式的裤子，其设计通常较为简洁，以直线条和修身的剪裁为特点，强调穿着者的身材比例和线条。西裤的起源可以追溯到 17 世纪的欧洲，当时被称为 Culotte 的紧身半截裤与 Justaucorps(及膝的外衣) 和 Veste(比 Justaucorps 稍短的上衣) 一同构成了现代西服三件套的前身。18 世纪末至 19 世纪初，西裤开始作为骑马外出时的保护性服装，当时这种长裤并不被视为正式服装，直到 1817 年，西裤才被广泛接受为晚礼裤，也就是标准的正式西裤。随着时间的推移，西裤开始出现多样化的设计。

西裤有正装西裤和休闲西裤之分。正装西裤适合在职场、酒会、宴会等较为正式的场合中穿，一般要和西服上衣、衬衫搭配，并且颜色以深色调为主，如黑色、深灰色、藏青色、深蓝色等。正装西裤对面料的要求比较高，一般以毛料为主，也有混纺的。

相较于正装西裤，休闲西裤的式样更多。根据裤子的长度，休闲西裤可以分为长裤和马裤。马裤又可以分为七分裤、八分裤、九分裤、十分裤等。根据裤子的版型，休闲西裤还可以分为直筒裤、锥形裤、喇叭裤、斜裁裤等。直筒裤有小直筒裤、中直筒裤、大直筒裤之分。小直筒裤较为紧身合体；中直筒裤的裤腿比小直筒裤的稍宽，有助于拉长腿形，能使腿部在视觉上显得匀称、修长、挺直；大直筒裤的裤腿更宽，穿在身上能给人以飘逸之感。锥形裤的臀围、腿围都比较宽松，裤口较小，上宽下窄，适合臀围比较大以及大腿较粗的人。喇叭裤的裤口宽大，裤腿贴身，包臀，适合身材高挑匀称、双腿修长的人。

西裤的选择要考虑版型、面料、颜色、长度等，颜色的选择尤其重要，黑色、米色、白色、灰色是上乘之选。穿西裤时，怎样和鞋进行搭配也很关键。一般来说，正装西裤必须和正式的皮鞋进行搭配，忌穿休闲鞋；休闲西裤却可以和各种款式、颜色、风格的皮鞋、布鞋、凉鞋、运动鞋等进行搭配。鞋的颜色最好和裤子的颜色一致，也可以用视觉冲击力比较强的对比色。

服饰形象设计

图 7-8　西裤

西裤的搭配方案如下：

(1) 西裤 + 西装 + 衬衫，传统经典的成套搭配，高级又充满质感。

(2) 西裤 + 衬衫，衬衫与西裤同色系，高级显瘦，随性不羁。

(3) 西装＋马甲＋西裤，摩登又帅气，简约又高级。

(4) 西裤＋毛衣，温柔干练，知性优雅。

（九）牛仔裤

　　牛仔裤（见图7-9）作为经典单品，在全球范围内广受欢迎，能适应各种场合。它的款式设计多样，有经典的直筒款、紧身款、喇叭款，能满足不同风格和潮流的需求，并且牛仔裤易于搭配，几乎可以与所有类型的上衣和鞋搭配。此外，它还能展示曲线之美，穿起来舒适自在。牛仔裤的起源可以追溯到19世纪中叶的美国。1850年，美国西部出现了淘金热。当时，德国人李威·斯达斯也到旧金山淘金，但当他看到那千千万万寻找金矿的人们以后，改变了主意，决定开设一家商店，专门销售日常用品，包括露营用的帐篷和做马车篷的帆布。有一次，一个淘金工人对他说："我看用你的帆布做短裤挺好。矿工们现在穿的短裤都是用棉布做的，很快就磨破了。如果用帆布来做，既结实又耐磨，定会大受欢迎。"李威·斯达斯听后，立即用帆布试缝了一批短裤。没过多久，果然销售一空，赚了一大笔钱。接着，李威·斯达斯在旧金山开设了一家服装工厂。他根据矿工们劳动的特点，不断改进裤子的式样，以提高耐用性，从而形成了牛仔裤这种独特的样式。后来，牛仔裤从工作服逐渐转变成时尚单品。

　　不同的体型要选择不同版型的牛仔裤，臀部比较宽大的人，可以穿下摆较为宽松的牛仔裤，这样不会过分强调臀部线条；如果臀部小，可以穿紧身牛仔裤。如果腰臀之间较短，可以穿具有提臀效果的牛仔裤，有助于加强臀部线条，衬托柔美纤细的腰身。如果身材偏胖，可以选择比较宽松的直筒形牛仔裤，不宜穿瘦窄的牛仔裤。

　　牛仔裤的颜色通常是蓝色、黑色、白色，白色的牛仔裤自带时尚感。鞋与牛仔裤的搭配尤其重要，根据牛仔裤的款式和颜色、穿着场合、着装人的年龄及社会地位等，可以选择不同品牌、式样、颜色的运动鞋、高帮鞋等。

图7-9　牛仔裤

牛仔裤的搭配方案如下：

(1) 牛仔裤＋新中式外套，历史的光辉与时代潮流的完美结合。

(2) 牛仔裤＋白衬衫，蓝白的配色是最耐看的搭配。

(3) 牛仔裤＋T恤衫，年轻有活力，休闲时尚。

(4) 牛仔裤＋针织开衫，简约随性，低调睿智。

（十）马面裙

马面裙（见图7-10）又名"马面褶裙"，最早能追溯到宋代，在明清时期得以盛行。尤其在明代成化年间，京城人士都喜欢着马面裙，上至一国之母，下至黎民百姓，人人皆穿马面裙。只是不同阶级的人所穿的马面裙在质地、装饰和色彩上有着严格的区别。马面裙前后里外共有四个裙门，两两重合，外裙门有装饰，内裙门装饰较少或无装饰。马面裙的特点是在裙子的下摆处，用多种颜色和图案的面料拼接而成，形成了独特的花纹和立体感。马面裙的纹饰多样且寓意丰富，动物类纹样中的龙凤象征吉祥美好，植物类纹样中的牡丹代表富贵、菊花代表延年益寿等。裙子的收腰设计和褶皱装饰，使得裙装在保持舒适度的同时，也能展现出优雅而迷人的身姿曲线。马面裙在色彩的设计上也十分讲究，从传统的大红大绿到现在的简约素雅，让穿着者更加能接受。

马面裙是一款充满艺术气息的服装，其独特的设计结构、精美的工艺、丰富的图案经常被现代设计师们借鉴和创新。随着时代的变迁，马面裙的设计有所简化，既保留了中国传统服饰文化的元素，又融入了现代时尚的元素，这样的马面裙既符合当代人的审美，又弘扬了中国传统服饰文化，是经典与时尚并存的象征。

马面裙的穿搭非常灵活，无论是正式场合还是日常生活中，都能够通过不同的搭配展现出独特的魅力和风格。选择马面裙时，首先要注意选择合适的尺码，如果裙子太紧，就会导致穿着不舒适；其次要注意马面裙的长度，马面裙的长度通常到脚踝处，穿的时候要注意调整裙子的长度，确保不过长。

图7-10　马面裙

马面裙的搭配方案如下：

(1) 马面裙 + 飞机袖衬衫，经典组合，适合在通勤场合或参加文化活动的时候穿。

(2) 马面裙 + T 恤衫，营造上紧下松的感觉，简约又华丽，轻松又时尚。

(3) 马面裙 + 皮草，贵气、奢华、浪漫，有层次感。

(4) 马面裙 + 国风毛衣，温婉素雅，大方得体，独特又不失时尚。

（十一）旗袍

旗袍 (见图 7-11) 是中国传统服饰文化中璀璨的明珠之一。旗袍源于满族旗服，融合了西方审美和技术，是完美展现东方女性身材的特色服装。旗袍自 20 世纪 20 年代起流行至今，被公认为是最具代表性的中国女性服装。线条简洁流畅、风格雍容华贵、制作工艺精良的旗

非遗传承人访谈：
旗袍的演变

袍，恰如其分地呈现出中国女性秀丽柔和的曲线和美丽独特的韵致，成为服装史上的经典。旗袍以其独有的方式，展现了中国女性的风采、优雅、坚毅，彰显了中国女性简约朴素、从容不迫、刚柔相济之美。1984 年，旗袍被国务院指定为我国女性外交人员的礼服。从 1990 年北京亚运会起，旗袍便成为重大活动礼仪服装之一。2011 年 5 月 23 日，旗袍手工制作工艺被国务院列为第三批国家级非物质文化遗产之一。2014 年 11 月，在北京举行的第 22 届亚太经合组织会议上，中国政府选择旗袍作为与会各国领导人夫人的服装。

旗袍的审美代表着中国服饰的审美格调。首先，旗袍体现了"和"之美。"和"是中国美学的重要范畴，它融合了农业自然经济形态之下"天人合一""人人相和"的文化意识与民族心理。"和"的精神实质是追求人生与艺术的统一，追求善与美、情与理、个体与社会的和谐。其次，旗袍体现了"韵"之美。"韵"作为中国古典美学的一个审美范畴，是从南北朝开始的。旗袍的"韵"之美体现在流畅简洁的线条上，旗袍和女性的其他长裙相比，更能勾勒出女性婀娜的身体曲线。在设计裁剪上，它没有多余的褶皱，完美地将东方女性的形体之美勾勒出来。

旗袍之美不仅体现在服饰本身上，更体现了中国女性知性、坚忍、包容、典雅的精神之美。旗袍的演变过程体现了多种文化的融合，旗袍见证了从清代到现代社会的变迁，融合了满汉服饰的特点，并在民国时期受到西方文化的影响，形成了独特的服饰风格。旗袍的设计既不过于暴露，也不过于保守，传递了一种含蓄、典雅和高贵的精神。如今，旗袍再一次成为新时代女性追求的时尚，被设计师们重新演绎，并且它不再局限于婀娜身姿，能包容不同年龄、不同身份、不同身材、不同气质的女性。穿旗袍对于当代女性而言，是一种审美态度，也表达了对生活仪式感和艺术美的理解。

图 7-11　旗袍

旗袍的搭配方案如下：

(1) 旗袍＋披肩，灵秀、端庄，保暖又优雅，适合各种场合。

(2) 旗袍＋西装，中西合璧的完美演绎，对比感强，优雅大气，成熟干练。

(3) 旗袍＋针织开衫，文艺浪漫，优雅的民国文艺范儿。

(4) 旗袍＋大衣，温婉优雅，中西合璧的完美演绎，潇洒又有女人味。

（十二）新中式服装

新中式没有严格的定义和明确的标准。"新"主要体现在服装的简单利落上，能满足日常生活的真实需求；"中式"是指保留古典意味的中式元素。新中式不仅是对中式审美文化的传承，还是文化自信的体现，它跨越历史，走向未来，在经典之中寻求新生，在传承之中不惧改变。从广义的角度来说，将中国传统元素（盘扣、云肩）和现代时尚设计相融合的服装都可以称为新中式服装（见图 7-12）。

新中式彰显文化自信

新中式服装在传承的基础上进行创新，没有固定的服装款式，也不能简单地套用旗袍、汉服等服装形制。通常，设计师将小立领、对襟、提花暗纹等古典元素应用于细节之中，并衍生出新的变化趋势。在结构上，多采用宽松版型，以提升穿着者的舒适性，同时在现代的版型中加入国风元素或传统工艺技法，在局部上善用盘扣、门襟、开衩、腰封。在工艺上，采用植物染、编织、刺绣、绳边、剪纸等工艺。在图案上，多采用寓意吉祥福寿的图案、文字符号、花鸟鱼虫、珍奇瑞兽等。在面料上，多采用丝绸、棉麻、香云纱、薄纱等。

新中式服装的整体设计弱化了传统服饰的仪式感和隆重感，整体更加注重年轻态、时尚感。设计师们不断琢磨款式、色彩、图案、材质、剪裁等领域的创新，目前新中式服装已"进军"衬衫、T 恤衫、西装、大衣、羽绒服等多个品类；其色彩更加丰富，不再局限于传统的黑色、红色、金色；其图案也更为多元，融入了提花、暗纹、拼色等具有现代感的纹饰；材质上也不断创新，不仅采用棉、麻、丝等，还采用了醋酸再生纤维面料等，在保证质量的同时，也降低了日常穿着的门槛；剪裁上，新中式服装多采用宽松版型，增强对身材的包容性。北京服装学院教授、新时代中国美研究院院长楚艳曾经在演讲中提到，新中式服装有新的地方，是在传统中汲取力量，但是不拘泥于某一历史时期、某一民族服饰的方向，而是试图将几千年的中国服饰特征融会贯通，体现了温润、儒雅、包容的大国风范。

新中式服装适用于多种场合，这也是新中式服装备受追捧的原因之一。从明星到普通大众，越来越多的人喜欢上了新中式服装。新中式服装既能让人们表达自我，又能传承和弘扬传统文化，也满足了对生活仪式感的追求。人们可以穿着新中式服装去中式的古风场景，比如去古城旅游、逛博物馆、进行国风摄影、参加汉服文化节、围炉煮茶等，以满足多样化需求。与此同时，人们在穿衣上从从众心理转向了悦己心理，消费者的消费意识观念从以前的"悦人"消费倾向"悦己"消费，即为了展示真实自我而消费，为了塑造个性"人设"而消费，更加关注自身需要。

新中式服装的力量在于其本身就承载着中国传统历史与文化积淀，当其与现代的审美进行碰撞时，可轻而易举地凸显出着装者的醒目与独特。如今的新中式服装已经做到了满足时代特性的同时，又保留了中式美学底蕴，这也是消费者喜爱新中式服装的原因之一。大量国风爱好者愿意穿着新中式服装来展现一定的文化认同和文化自信。相对于其他风靡一时的穿搭热潮，新中式服装能成为未来更多服饰审美的长期主流，这展现了中华优秀传统文化守正创新的发展内核。此外，新中式服装不再以大红大绿的织锦缎、紧致的立领衬衫为载体，而是开始在质感、色彩、装饰之中求新、求美，摆脱了繁杂和老气，越来越普通、日常、便利，这与年轻人追求个性独立、自在松弛、触动心灵的文化自信相匹配。

图 7-12　新中式服装

人生充满了选择和机会，化繁为简意味着识别并专注于那些真正重要的事情，不要让多余的事和物占用太多的时间、空间。衣服也是如此，本着少买、精买、重搭配的原则，同一类衣服只留自己最喜欢且最好搭的精品。各个场合之间的服饰搭配有区别，但也有共性，这意味着某些单品同时可适用于几个不同场合，即我们可以用少量的衣服搭配出更多的形象效果。

跨场景的一衣多搭就是同一件衣服可以跟不同类型的衣服搭配在一起，形成不同的场合着装印象。比如，一件白衬衫搭配牛仔裤给人休闲的感觉，搭配铅笔裙给人严谨的感觉，搭配 A 字长裙给人优雅的感觉，这就意味着每种搭配方案塑造的风格发生了变化。在跨场景的一衣多搭中，每件衣服的价值都得到了最大化的利用，既省钱、省时、省力，又减少了审美疲劳。

那么，什么样的单品适合跨场景的一衣多搭呢？首先，要找到合适的"一衣"，通常就是简单基本款、本身具有场合跨越性且场合表达不是特别明显的服装，最终的搭配效果完全由与它搭配的其他单品决定。跨场景搭配的单品必须是简洁的基本款且场合归属不太明显，这是因为场合归属太明显的单品表达太极致，很难搭出适合其他场合的穿搭。例如，一件晚礼服就很难搭配出通勤的感觉，因为太长、太华丽。其次，知道如何完成跨场景的"多搭"。多搭就是将选定的"一衣"与各个场合中的典型单品进行搭配，我们加入的单品越多，那么这个场合的氛围就会越明确。总的来说，一衣多搭，就是一件衣服通过不同的搭配能够呈现不同的风格，从而满足不同场合衣着的需要。小黑裙的一衣多搭如图 7-13 所示，白衬衫的一衣多搭如图 7-14 所示，西装的一衣多搭如图 7-15 所示。

图 7-13　小黑裙的一衣多搭

图 7-14　白衬衫的一衣多搭

图 7-15　西装的一衣多搭

　　无论潮流如何变迁，一些经典单品永远不会退出时尚的舞台。时尚博主、街拍达人、及明星网红纷纷利用经典单品玩转时尚，这是因为经典单品具有永不落伍的属性，这也正是经典服饰的魅力所在。提升衣品的第一条建议就是穿基本款单品；第二条建议就是停止购买极度艳丽的衣服，学习使用柔和系的莫兰迪色彩，即便有时候莫兰迪色彩不是最出彩的，但至少是安全和高雅的；第三条建议是学会搭衣服，学会取舍。一衣多搭还可以用简单的加减乘除去理解，具体如下：

　　(1) 买衣的加法艺术：倡导一件衣服至少能与衣橱中的三件单品搭配再进行购买。

　　(2) 买衣的减法哲学：强调"少即是多"的原则，避免盲目跟风或因为打折促销而购买并不真正需要的衣物。

(3) 搭衣的乘法魔力：一件设计精良的衣服，足以跨越三个季节的界限，演绎不同的时尚风情。

(4) 穿衣的除法经济学：在穿衣的过程中，可根据一件衣服的使用次数和使用年限，理性地衡量每件衣服的性价比，实现穿着价值的最大化。

思 考 题

1. 根据中华传统服饰文化的理念，谈一谈场合着装的意义。
2. 职场的着装规则是什么？
3. 一衣多搭与减少审美淘汰对环保有什么意义？
4. 从文化自信的角度谈一谈为什么越来越多的年轻人喜欢新中式服装。

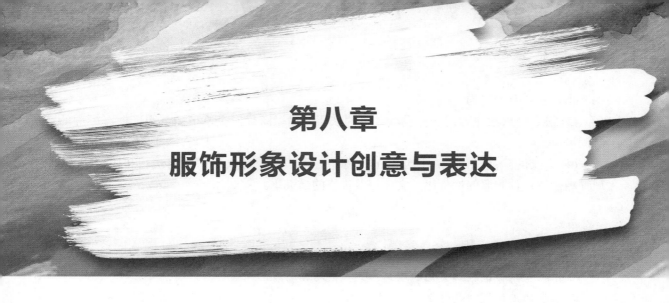

第八章
服饰形象设计创意与表达

在深入理解了服饰形象设计的核心，领略了整体造型设计中的丰富内涵与独特魅力后，如何将之前所学到的知识点与实践相结合，如何在实际操作中运用创意与技巧来打造出独具魅力的整体形象，是一个值得探讨的话题，也是个人综合能力的反映。这种能力不仅可用于自我形象的塑造，还可以应用于对他人形象的设计打造。无论是朋友、家人，还是未来的客户，量身定制出符合其个性与魅力的人物整体形象，都是对美的传递与分享。随着对服饰形象设计的深入探索，设计师个人潜在的创造力也将被发掘。设计本身就是一种创新的过程，它要求人们不断挑战自我，突破常规，创造出独一无二的作品。这种创造力不仅体现在对个人形象的设计方面，更体现在对美的独特理解和表达方面。

服饰形象设计创意与表达是一个涉及多个方面且需要进行综合性考量的过程，它需要将个人风格、色彩季型、肤色、体型、气质以及场合等多个因素进行全方位融合。因此，在设计的过程中要遵循"先综合，后细节"的设计原则，在把握整体造型的基础上增加设计亮点，为人物形象增添创意性的表达元素。

第一节　日常生活造型设计程序

>>> 一、日常生活造型设计要点

（一）场合需求

在服饰形象设计的过程中，对场合、情景的考量是至关重要的。这不仅仅是因为着装需与特定的时空背景相协调，更是因为它反映了设计对象的个人品位、修养以及对于不同场合的尊重。设计师在为设计对象打造整体形象时，必须深入了解其所处的场合类型，从而确保服装与时间、地点、场合之间和谐统一。在形象设计中，场合类型一般可分为职业场合、社交场合和休闲场合。

对于职业场合而言，着装不仅是对个人专业能力的体现，更是对职业形象的塑造。一套合身的职业装，无论是笔挺的西装、优雅的职业裙装，还是简约大方的商务休闲装，都应当能够展现出设计对象的专业素养与职业精神。设计师在为其挑选服装时，需注重色彩搭配的得体性、款式剪裁的合理性以及服饰面料的舒适性，力求让设计对象在职场中焕发自信与从容。

社交场合则更加注重服装的华丽与典雅。无论是参加晚宴、舞会，还是参加其他社交活动，一套精心挑选的礼服或裙装都能够让设计对象在人群中脱颖而出。设计师在为其设计或搭配服饰时，需充分考虑设计对象的个人气质与风格倾向，结合时尚元素与经典款式，打造出既符合场合要求，又能突显个人特色的服饰搭配。同时，配饰的选择也是不容忽视的，它们能够为整体形象增添更多的亮点与魅力。

在休闲场合中，着装则应以舒适、自在为主。轻便的运动装、随性的 T 恤衫与牛仔裤或是简约的连衣裙等都是展现休闲风格的绝佳选择。设计师在为设计对象打造休闲服饰时，应注重面料的透气性与舒适度，让其在轻松愉悦的氛围中尽享自在时光。同时，也不妨融入一些时尚元素与个性设计，令休闲服饰同样充满魅力与创意。

简而言之，适应场合需求是服饰形象设计中的一项重要任务。设计师需根据设计对象所处的场合类型，灵活调整服装款式、造型色彩等，让其在任何场合都能以最佳的形象出现在人们面前。这不仅是对设计师个人品位与修养的展现，更是对设计师专业能力与创意的考验。

（二）风格塑造

在整体形象设计的艺术领域中，风格塑造无疑占据着核心地位。每个人都有自己独特的风格和气质，这是个人魅力与独特性的源泉。设计师的任务不仅是选择一套服装或配饰，更在于深入了解设计对象的内心世界和个性特征，从而创造出与其内在相契合的外在形象。

风格塑造的第一步是与设计对象进行深入的沟通。设计师需要倾听设计对象的心声，理解他们的喜好、梦想和生活方式等，并在对话的过程中逐渐捕捉到其独特的风格和气质。设计师需要关注设计对象的言行举止、衣着打扮以及生活中的点滴细节，从而用服饰揭示出其内在的个人风格。

一旦理解了设计对象的个人风格，设计师便可以开始选择适合的服装款式、妆面颜色和发型配饰。对于前卫型风格的设计对象，设计师可以选择具有创意和独特设计的服装，运用富有视觉冲击力的配色和大胆的剪裁来凸显其个性；对于优雅型风格的设计对象，设计师可以选择柔和的色彩、贴身的款式以及精致的配饰来展现其柔情与魅力；对于古典型风格的设计对象，设计师可以运用传统的元素与图案并结合现代的设计理念，打造出既符合传统要求又体现现代审美的整体形象。

风格塑造不仅是整体形象设计的核心，更是一种艺术的表达。通过深入的沟通、精准的诊断和巧妙的设计，设计师可以帮助设计对象找到并塑造出属于自己的独特风格，让他们在人群中脱颖而出，展现出无与伦比的魅力与气质。

（三）体型特点

在整体形象设计中，了解和考虑设计对象的体型特点是至关重要的。每个人的身体形态是独一无二的，不同的服装款式会以其独特的方式强调或弱化身体的某些部位。设计师需要掌握如何根据设计对象的体型特点，为其选择最合适的服装，从而展现其最佳的形象状态。

宽松的毛衣或外套可以营造出一种轻松、慵懒的感觉，同时可遮盖身体上不希望被强调的部位。修身的连衣裙则能够完美地展现出身材优势，强调女性的曲线美。除了宽松与修身的基本款式，服装还可以通过各种方式来突出或弱化身体的某些部位。例如，高腰裤可以拉长腿部线条，适合身材较矮的设计对象；V领上衣可以拉长颈部线条，适合上半身较宽或颈部较短的设计对象。设计师需要根据设计对象的体型特点，巧妙地运用这些款式设计，以达到最佳的视觉效果。

当然，在强调或弱化身体部位的同时，还需要考虑到设计对象的个人风格和舒适度。不同的设计对象有着不同的审美偏好和穿着习惯，设计师需要在满足其个性化需求的同时，确保服装的舒适度。只有在个性与舒适之间找到平衡，才能打造出既符合设计对象体型特点又能够展现其个人魅力的整体形象。

（四）色彩搭配

在形象设计与搭配时，还需考量设计对象所适合的色彩季型，这一考量不仅影响服饰色彩，还将影响妆面及发型的色彩选择。每个人的肤色都有其独特的色调和明暗度，只有找到与肤色相协调的色彩，才能够凸显个人的魅力，塑造出和谐的整体形象。

色彩季型是指人的肤色、眼睛色、发色等所呈现出的色彩倾向。根据色彩季型的不同，人们大体上可以分为春、夏、秋、冬四个季型。每种色彩季型都有其独特的色彩特征和搭配规律。例如，春季型人通常拥有温暖的肤色和明亮的眼睛，适合选择柔和、温暖的色调；而冬季型人则通常拥有冷调的肤色和深邃的目光，适合选择冷艳、高贵的色彩。

通过理解色彩季型的特点和规律，可以为设计对象选择出最适合的服饰、妆面和发型色彩，从而针对性地打造出适合个人的整体形象。同时，也要鼓励设计对象尝试不同的色彩搭配，以发掘更多可展现自身魅力且适合自己的风格。

（五）创新表达

创新是整体形象设计的灵魂所在，它不仅存在于秀场等特定场景，同时还关联至生活着装的方方面面。设计师需要不断挖掘和尝试新的设计元素和手法，以创造出独特且吸引人的整体形象。这可以通过对现有服饰的重新组合、使用新材料和新技术，或者引入时尚潮流等方式来实现。

例如，在衣橱管理的课程中时常会听到"白衬衫的100种穿搭方法"，这就属于服饰穿搭方式的创新利用。一件普通的白衬衫，通过巧妙的搭配和组合，可以演绎出无数种风格迥异的造型。设计师可以通过改变搭配方式、添加配饰、运用叠穿等手法，让白衬衫焕发出新的生命力。

时尚潮流是不断发展且变化的，设计师需要时刻保持对时尚趋势的敏锐洞察力，通过将潮流元素融入设计中，让整体形象更具有时代感和前瞻性。例如，设计师可以关注当前的流行色、流行款式等，并将其巧妙地运用到设计中，从而打造出既符合时尚潮流又独具特色的整体形象。

整体形象设计是一个持续完善的过程，需要设计师与设计对象密切合作、不断尝试。在这个过程中，每一个细微的调整都可能为最终的形象带来质的变化。

设计师在这个过程中需要细致地观察设计对象在不同场合、不同装扮下的表现，并收集反馈信息。这些反馈信息可能来自他人的评价、设计对象自身的感受，甚至是周围环境的变化。在深入地分析后，设计师可确定其中需要调整的部分，从而不断完善设计方案。

设计对象在这个过程中除提供身体数据、喜好、期望外，更要积极参与到每一次的尝试和调整中。设计对象的意见和建议是设计师完善设计方案的宝贵资源。通过与设计师的沟通，设计对象可以确保最终的整体形象更加贴近自己的期望和需求。

整体形象设计的持续完善，还需要设计师与设计对象在保持开放心态的条件下进行紧密协作，尝试新的可能。通过不断的调整和完善，可为设计对象打造出兼具内在魅力与外在表现的最终造型。这不仅是一次设计经历，更是一次自我探索和成长的旅程。

通过理解和应用以上要素，形象设计师可以创造出独特且适合设计对象的整体形象，并通过本次设计造型来表达设计理念与个人特点。同时，整体形象设计也是一个不断发展和变化的领域，设计师需要不断学习并更新自己的知识和技能，以适应市场的需求和时尚的变化。

219

第二节　日常生活造型设计案例

在人生的广阔舞台上，每一天都是一场独特的表演，形象则是这场表演中最直观、最生动的语言。从职场到社交聚会，再到周末闲暇时的户外探索，不同的生活场景需要不同的服饰形象来匹配。日常生活造型设计，正是这样一类细腻而实用的艺术，它教会大家如何在不同的场合下，以最佳的姿态展现自我，让每一次亮相都成为一次自信与魅力的绽放。

日常生活造型设计主要包含职业场合、社交场合和休闲场合的形象造型打造，其不仅关乎外表的装扮，更是对生活态度与自我表达的一种深刻诠释。

（一）职业场合形象要求

职业场合，是所有人都避无可避的重要着装场景之一。对于部分同学来说，职业场合就意味着"黑白灰"，但是职业场合中可选择的服饰色彩就只有这些了吗？答案自然是否定的。职业场合可以细分为两种具体类型：严肃职场和一般职场。严肃职场中的工作相对较为严谨，要求从业人员（例如金融从业人员、保险从业人员、律师及公务员等）具备一定的权威感和公信力，因此需要通过服装塑造出公正严肃的职业形象。一般职场又被叫作时尚职场，穿着符合基本职业场合着装需求即可。在一些设计类时尚传播行业中，着装色彩与款式都可以适当放宽要求，以突出自我与个性为主。

（1）着装技巧：结合自身风格类型，选择符合职业场合日常需求的服装。通常，淡雅的色彩搭配和简洁大方的服装款式可展现出专业和自信的职场形象；应避免过于复杂或花哨的设计。一般来说，多选择西装、正装裙套装、衬衫等。

（2）配饰搭配：选择精致且较为小巧的配饰，如领带、手表或项链，在提升个人精致度的同时，令人在不经意间感受到着装者的气质和品位；应避免过于华丽或夸张的配饰，此类型的配饰易给人以不专业的感觉，造成喧宾夺主的视觉印象。

（3）发型与妆容：保持整洁的发型，适当化妆，强调自信和精神饱满的专业形象；应避免过于浓重、闪亮的妆容。

（4）礼仪与举止：保持良好的姿态，注意言谈举止，展现出稳重、自信和专业的风度。

（二）案例示范

1. 情景预设

小甲，一名大学四年级市场营销专业的学生，正站在人生的十字路口，面临着即将踏入社会的种种挑战。她深知在这个竞争激烈的环境中，第一印象至关重要，而第一印象往往与个人的形象息息相关。因此，小甲希望通过职业形象改造，提升自己的面试成功率，希望能够在增强个人职场精致度的同时，给面试官留下深刻的正向形象反馈。

在本次职场形象改造中，设计师面临着双重挑战：不仅要从根本上提升顾客的整体造型，还要确保顾客从内心深处真正接纳并喜欢自己的新形象。这不仅关乎外在的美感，更直接影响到顾客的自信心和在重要场合的能力发挥。

众所周知，一个人的形象与其自信心有着千丝万缕的联系。当一个人对自己的形象感到满意时，他的自信心会自然而然地增强，从而在关键时刻展现出最佳状态。因此，对设计师而言，任务远不止表面的改造，更要深入顾客的内心世界，了解其真实需求和感受。

为了实现这一目标，首先设计师要和顾客进行深入的交流与沟通，以了解顾客的个性、喜好以及对职场形象的期望。这样才能为顾客提供既符合审美标准又满足个人需求的造型建议。其次，时刻关注顾客的反馈与感受。在整个改造过程中，及时观察顾客的表现，确保顾客感到舒适、自在。如果遇到顾客对某些改变表示疑虑或不适，则可在调整方案与选择顾客的形象舒适区之间找到平衡点，确保改造过程既愉快又富有成效。最后，着重强调顾客的自我认同感。形象改造的目标是帮助顾客认识到，改造后的形象并非完全颠覆了其原有的特色，而是在原有特色之上进行发展和升华。通过这种方式，顾客不仅能够欣然接受新的形象，更能在内心深处真正认同并珍视自己的新形象。

综上所述，本次职场形象改造的难点在于如何确保设计对象从内心深处接纳自己的新形象并增强自信心。通过深入沟通、关注顾客感受以及强调自我认同，助力顾客在职场中展现出自己的最佳状态。

2. 模特分析

(1) 色彩分析：综合诊断结果，小甲的肤色偏暖，属于四季色彩中的春季型，适合选择浅暖的服装颜色，如米色、浅黄色等。同时，金色或玫瑰金色的项链、耳环等配饰更适合其肤色特征。

(2) 风格分析：综合诊断结果，小甲属于少女型风格，是所有风格当中最具有甜美感的，适合选择小量感、偏曲线感的服装款式和配饰。在服装细节方面，她可以搭配带有小蝴蝶结、缎带或蕾丝花边的衬衫、鞋子和包包，以展现出自身的甜美、可爱，以及富有感染力的气质。需要注意的是，在造型设计方面要避免过多选择可爱的元素，否则会造成年龄过小、不够成熟的视觉印象。

(3) 体型分析：小甲的身材匀称，偏曲线型，适合选择剪裁合身、线条流畅的服装款式。她可以选择修身的衬衫搭配微喇裤或裙装，以突出身材的优势。

(4) 脸型分析：小甲的脸型偏圆，在造型设计时可选适合圆脸型的发型，适宜通过打造高颅顶来平衡面部宽度，塑造面部立体感。同时，可以搭配帽身高、帽檐宽的帽子款式以及直线条形状的耳饰，以期在增加纵向面积的同时，协调面部量感。

综上所述，小甲适合选择较短小、曲线型的职业装，且应注重剪裁和细节，突出自身甜美气质。在配饰和妆发造型方面，需要综合考虑圆脸型特征，增高颅顶部位，化妆时尽量避开闪亮感强的亮片、高光，否则将会使面部更加肿胀。搭配时可选择具有可爱感的耳钉、包包等，以增加整体形象的活泼感。同时，在发型和妆面的修饰中，需优先平衡脸部的宽度。

3. 案例解析

设计师为小甲设计、打造了两套风格迥异的职场造型（见图8-1和图8-2），展现了她的职业魅力与自信风采。

职场形象设计

在服装方面，分别选择了米白色与淡黄色西装套装，既符合职场女性的正式着装要求，又展现了她的时尚品位。西装外套剪裁合身，线条流畅，微喇的裤型凸显出她的身材曲线，符合其风格特点。米白色西装套装利用盘扣与提花面料，凸显出其新中式设计风格的独特韵味，同时与珍珠耳钉交相呼应，体现出职场造型的精致优雅。淡黄色西装套装则通过腰部的分割线将门襟部位有效转移，为整套西装增添了活力与动感。

在妆容方面，小甲采用了精致的淡妆，重点突出其好气色。略微上扬的眉形有效拉长了脸型的视觉长度。在发型方面，两个发型都采用了高颅顶加无刘海的设计风格，既显得干练利落，又凸显出她的优雅气质。其中，米白色套装造型选择了经典全束发配合高盘发的形式，后侧隐约漏出的碎发与新中式服装风格相呼应；淡黄色套装造型则采用了编发加高盘发的形式，为整体造型增加了一丝独特的少女气息。

图 8-1　小甲职场造型一

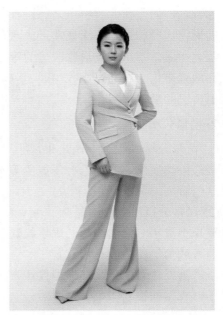

图 8-2　小甲职场造型二

　　总的来说，小甲本次的两组造型都充分考虑到了其个人特色，通过精心搭配的服装与妆容、发型等方面的配合，使造型不仅符合职场氛围，也凸显了小甲的个人魅力。小甲通过精心打造的职场形象，可向面试官传达出自己的专业能力与自信态度，从而为未来的职业发展奠定良好的基础。相信在面试中，小甲能够给面试官留下深刻的印象，顺利迈向职场新篇章。

>>> 二、社交场合形象打造

（一）社交场合形象要求

　　在社交场合中，形象不仅反映了自己的外在形象，更是自身品位、修养和学识的具体体现。一个得体的形象不仅可以提升自信心，还可以增强瞩目度，给人留下深刻印象。现今的社会中，许多社交行为与自身工作息息相关。例如，在商务场合中，得体的商务礼仪与良好的社交形象，能帮助顾客建立职业权威、可信度和影响力。

　　(1) 着装技巧：一般根据场合的正式程度来选择合适的社交服装。正式场合可着礼服或西装，非正式场合可以选择较宽大的休闲类西装或时尚感强的日常服饰。在进行形象打造时需注意服装的整洁和平整，确保鞋子干净光亮。此外，可在保持得体的前提下，适度增加时尚元素，展现个人风格，增加造型设计亮点。

　　(2) 配饰搭配：在社交场合中，适当的配饰可以提升整体形象的气质和品位。依据场合要求可搭配一些精致且具有特色的配饰，如耳环、项链、手链或手表等。但需注意配饰搭配时的适度原则，其风格应与服装相协调，太过繁杂、华丽或夸张的配饰难免过于抢眼而影响整体形象。

(3) 发型与妆容：保持发型整洁，在造型设计时根据设计对象的个人脸型和气质选择简约大方的发型，礼服造型多以盘发为主。太过烦琐或夸张的发型难免给人以拖泥带水与表现欲过强的不适感，因此应尽量避免。在妆容方面，适当化妆可以提升整体造型的精致度，但要避免过于浓重、个性或夸张的妆面，淡雅自然的妆容更能凸显个人气质。

(4) 礼仪与举止：在社交场合中，保持良好的礼仪举止可以凸显出自信、优雅和专业的形象。在言谈举止方面，注意语言文明，尊重他人，善于倾听，展现出良好的修养与从容的个人态度。可根据场合和气氛，适当调动自身幽默细胞，在交流中增强个人魅力。

（二）案例示范

1. 情景预设

小乙，一位在职的形象设计专业大学教师，对于社交场合的形象打造有着独特的见解和追求。她深知，一名形象设计师不仅要掌握丰富的专业知识，还要在社交场合中展现出专业素养和人际交往能力。因此，她决定通过社交形象改造，找到适合自己的个人社交风格，提升自己在人际交往中的独特魅力。

在本次社交场合形象改造中，设计师面临的特殊挑战在于：顾客小乙本身就是形象设计专业的大学教师，对于本行业或领域有着深入的理解，这意味着她已经形成了属于自己的审美观念和专业见解，想要通过一次造型改造完成自我风格的突破是相对较难的。

小乙对于形象的塑造有着自己的坚持和理念，对于各种流行的时尚元素和风格已经有了根深蒂固的理解，这使得她对于新的造型建议会产生一种自然的防御心理。因此，需要采取一种更加细致和富有策略性的方法来打破这种心理防线。在与小乙的交流中，需要倾听她的想法和意见，尊重她的专业判断，同时也要引导她从不同的角度去审视自我形象。设计师可以选择通过借助一些过往案例或者专业的理论依据，为其建议提供有力证据，帮助她看到不同于她原有认知的、更加新颖和富有创意的形象可能性。

此外，还需要关注到小乙的职业背景和身份特点。小乙作为一位形象设计专业的大学教师，在社交场合中的形象需要展现出专业素养和权威性，同时也要符合她的个人风格和气质。因此，在提供造型建议时，需要考虑到这些因素，确保改造后的形象既符合她的职业要求，又能够突显出她独一无二的个人魅力。

综上所述，本次社交场合形象改造的难点在于如何打破顾客小乙已有的认知和理解，帮助她完成自我风格的突破。形象设计师需要通过深入的交流、专业的引导和富有策略性的建议，来克服这一挑战，为小乙打造出一个既符合大学教师职业要求又充满个人特色的社交形象。

2. 模特分析

(1) 色彩分析：小乙的肤色暖黄，属于四季色彩中的秋季型。金棕色、苔绿色等深暖色不仅可以突出秋季型人的华丽与高贵，还能与他们的肤色形成和谐的对比，使整体造型更加和谐统一。为了进一步突出自己的社交气质，小乙可以选择炫金色的耳环、项链等珠宝配饰，为自身社交形象增添一份高贵与神秘。

(2) 风格分析：综合诊断结果，小乙的风格属于古典型，这意味着她适合选择带有复古及古风特色的服装款式和配饰，同时注重细节和品质，以展现出高贵与典雅的气质。在选择服装款式时，小乙可以选择一些经典的复古款式，如旗袍、汉服等，这些款式能够突出她的个人魅力。

(3) 体型分析：小乙的身材高挑，体型属于梨形身材，腰细胯宽。这意味着她适合选择剪裁合身、适当突出身材优势的服装款式。在正式社交场合中，修身且富有设计感的连衣裙是个不错的选择，可以令她看起来更加优雅、自信。

(4) 脸型分析：小乙的脸型属于偏长的鹅蛋脸型，这使得她适合选择侧分或两侧蓬松的发型，以平衡面部整体量感。这种发型能够凸显出她的脸型优点，同时也能展现出她的成熟与干练。此外，选择长度不超过下巴、视觉重心偏上且存在感强的耳饰也能为她的整体形象增色不少。

综上所述，小乙应选择适合暖色皮肤的服装颜色和珠宝配饰；剪裁合身、线条流畅的连衣裙或者旗袍都是不错的社交服装选择；在妆发造型方面，需要综合考虑脸型特点，增加两侧头发的蓬松度，中和面部整体量感；同时，可以选择带有复古及古风特色的配饰。通过这些着装特点的呈现，小乙将能够展现出自己的专业素养和独特魅力，成为社交场合中的焦点人物。

3. 案例解析

设计师为小乙打造了日间与晚间的社交场合造型（见图8-3和图8-4)，通过服装、妆容、发型和脸型的精心配合，展现出了她作为职业女性的独特魅力与气质。

社交场合形象设计

在服装方面，两套服装为贴合小乙的秋季型色彩特点，都采用了黑色加黄色的配色形式。日间社交场合造型选择了一件带有东方传统美感的旗袍作为其主要服装，这主要是基于小乙的古典型风格特点进行的服装选择。旗袍的剪裁相对合身，黑色的边界线使她的身材曲线愈加凸显，又展现出了她的娴静、婉约。整个造型既高雅又不失大气，能够完美地展现出小乙的优雅气质，同时也体现了她对细节的极致追求。晚间社交场合造型采用了一件下摆蓬松的吊带长裙，这套服装的设计亮点主要在于其下摆部位的黑、黄色晕染效果，使整件礼服既经典又富有创意。

在妆容方面，小乙的妆容精致而自然。她巧妙地运用了橘色系色彩，这种温暖而富有活力的色彩不仅凸显了她的气色，使得肌肤看起来更加红润且有光泽，还与服装色彩形成了和谐的呼应。基于长椭圆脸型方面的考量，在眉形上选择了坡度较缓的一字眉形，这使得整体造型更加和谐统一。在发型方面，日间社交场合中小乙选择了带有中式古典韵味的高盘发造型，也属于现今流行的"鸡毛毽子头"，即在进行盘发时留下一部分碎发，令其自然散落，形成一种精致中略带随意的氛围，增强形象的亲切感；晚间社交场合中小乙则采用了自然卷曲的散发造型，这样的发型设计可以有效遮盖肩部线条的不足，同时给人一种慵懒又不失优雅的感觉。

在配饰方面，旗袍造型巧妙地运用了金黄色的配饰，为整体设计增添了一抹亮色。玉质的青色手镯不仅质地温润，更与头顶的发簪形成了呼应，这种色彩的搭配和材质的选择，无疑增强了整套造型的古典韵味。晚礼服造型选择了简约而精致的黄色吊坠耳饰作为配饰。这款耳饰不仅与她的晚礼服相得益彰，更在视觉上增强了脸部的横向量感，使得面部轮廓更加立体且饱满。同时，这款耳饰也增加了本次设计的精致度，令小乙在人群中脱颖而出。她的每一个细节都透露着时尚与优雅的气质，无论是在柔和的光晕中，还是在璀璨的聚光灯下，都能成为众人瞩目的焦点。

　　通过对以上设计要点的精心搭配，小乙成功地将古典与现代、传统与时尚完美融合，展现出了她独特的个人魅力，更加深了人们对她的品位与风格的深刻印象。

图 8-3　小乙日间社交场合造型

图 8-4　小乙晚间社交场合造型

>>> 三、休闲场合形象打造

（一）休闲场合形象要求

　　休闲场合是最讲求舒适性且最能够取悦自己的一个场合。在此类场合的着装中，人们可以完全释放天性，穿自己觉得最舒服或好看或特别的服饰。例如居家、旅游、娱乐、逛街等置身于闲暇地点的场合都属于休闲场合，休闲形式可以具体细分为运动休闲和普通休闲两个类型。

　　运动休闲，就是指以运动为主的休闲放松形式，比如跑步、跳绳、练瑜伽、打羽毛球等，此时的着装首先要考虑的一定是要符合运动习惯，舒适且便于活动，避免由于服装不当而引发受伤。在色彩的选择上可以最大限度地采用饱和度较高的色彩，不仅会给人一种活力四射的健康感，并且可以通过色彩调节运动时的心理反应。普通休闲形式下，服装更偏向于自身喜好，颜色以同色调、邻近色、黑白搭配为主。配色法则以同色调、重点、分离配色为主。

(1) 着装技巧：在休闲场合中，着装更注重舒适与自在。这并不意味着可以随意搭配，而是要在保持轻松感的同时，展现出一定的时尚感和个人风格。服装的色彩和图案可以更加多样化，以增强自我个性。但要注意整体搭配的协调性，避免过于花哨或夸张。此外，根据具体的休闲场合，如海滩、公园或咖啡店等，还可以进一步调整着装，以更好地融入环境。

(2) 配饰搭配：适当的配饰能够为整体造型加分。依据场合选择一些精致且具有特色的配饰，如简约的项链、手链或手表等。同时，帽子、围巾或背包等配饰，可以进一步提升整体造型的层次感。不过，在搭配时要注意适度，避免过于夸张的配饰，以免影响运动幅度及整体形象。

(3) 发型与妆容：发型和妆容的选择也应以清爽利落为主。在发型方面，可以依据运动的场合选择一些简单的发型，如马尾辫、丸子头等，既方便运动，又显得充满活力。在妆容方面，一般会选择裸感妆容，以突出肌肤的光泽和自然美感。同时，口红也可以选择粉色、裸色等色调，突出顾客的健康气色。

(4) 礼仪与举止：虽然是在休闲场合，但良好的礼仪和举止同样重要。在运动的过程中，应保持自信从容的态度，不过分计较输赢得失。在交流时，可以更加随和、轻松，避免过于正式或拘谨。同时，也要注意个人形象的维护，如保持身体语言的自然和得体、避免大声喧哗等。

（二）案例示范

1. 情景预设

小丙，一名医院的行政工作人员，每天都穿着相同的制服，处理着各种文件和工作任务。虽然她热爱自己的工作，但她也渴望在业余时间能够摆脱这种正式、严谨的氛围，更好地放松身心，享受生活的乐趣，展现出一个完全不同的自己。为此，她决定寻求专业形象设计师的帮助，为自己塑造一个充满活力的休闲运动形象。

在本次休闲场合形象改造中，设计师面临的特殊挑战在于：小丙作为医院的行政工作人员，她的日常工作形象是严谨和正式的，因此设计师需要在不颠覆她职业形象的基础上，为其打造一个合适的休闲运动风格。这需要在服装款式、妆发造型以及配饰选择等方面做到既符合场合要求的休闲氛围，又不失职业女性的端庄与大方。

休闲场合的服装不仅要时尚美观，还需要具备一定的功能性，如舒适透气、便于活动等。设计师需要在保证服装功能性的前提下，注重时尚元素的融入，使小丙在休闲场合既能展现活力四射的一面，又能保持时尚品位。休闲场合多种多样，包括户外运动、室内健身、逛街等。因此设计师需要根据小丙的偏好和习惯，为其打造适合不同休闲场合的服装和配饰。这要求设计师对各种休闲以及运动场合的特点有深入的了解，以确保最终的形象改造方案既实用又美观。

2. 模特分析

在深入了解小丙的需求后，开始对她进行全面的分析，以探索最适合她的休闲运动风格。

（1）色彩分析：小丙的肤色较暖，属于四季色彩中的秋季型，这使得她能够轻松驾驭各种棕色系服装。为了突出她活力四射的一面，可选择较为鲜艳的橙色或暖棕色系等服装颜色。这些色彩的应用不仅能够展现出她的阳光与活力，还能突出她独特的个人气质。

（2）风格分析：综合诊断结果，小丙的风格属于自然型。自然型风格的核心在于舒适、松弛。应避免过于女性化、突出性别特征的服饰，这种类型的服饰会显得小气。服饰面料可选择无光泽且具有质朴感的牛仔、麻布、粗呢等，配合民族风的纹样，突出设计对象在日常生活中的轻松惬意。

（3）体型分析：小丙的身材高挑，骨骼感强，这使得她能够轻松驾驭各种休闲运动类的服装。为了突出她的活力与舒适感，可选择剪裁宽松、线条流畅的服装款式。例如宽松的T恤衫搭配运动裤或牛仔裤、运动鞋，再搭上一件舒适的卫衣马甲，可使整体形象既休闲又充满活力。

（4）脸型分析：小丙的脸型偏长菱形脸，齐刘海是她日常生活的第一选择，因此在设计发型时可首先调节刘海的位置与长度，使其变为中间短、两侧长的形式，完美掩盖脸型的不足。为了突出她活泼、可爱的一面，推荐选择高马尾、丸子头或半扎发的发型。这种发型不仅可以展现出她的俏皮感，还能使她的脸型显得更加立体和精致。

通过以上分析，总结出小丙适合选择自然感较强的秋季型服装颜色，以突出她的阳光与亲和力。在整体形象设计时应注重舒适与休闲感，剪裁宽松、线条流畅的服装款式是相对适合的。在配饰方面，可以选择简约、大方的耳环和帽子等来提升整体形象的精致度。同时，高马尾、丸子头或慵懒感十足的发型可以展现出她的活泼与松弛。

3. 案例解析

设计师为小丙打造的两组造型（见图8-5和图8-6），都采用了休闲感十足的森系服装来表达其亲切且不失随性的个人风格。

休闲场合形象设计

在服装方面，两套服装都选择了棕色衬衫作为打底服饰，这种颜色既显得沉稳，又带有一种温暖的气息。衬衫搭配马甲的叠穿方式，增加了服饰的层次感。米色与深棕色的半裙，使色彩上形成了和谐的过渡，给人一种松散且自由的感受。

在妆容方面，小丙的妆色整体较浅，没有过多修饰，突出了肌肤的自然光泽。脏橘色的唇色与服装色彩相协调，突出了人物本身的亲和力。在发型方面，小丙保持了一贯的简约风格，采用了慵懒的披发与半扎发，没有进行过多的造型和装饰，展现出一种自然随性的美感。这种发型既符合她的个人气质，又能够与整个造型相协调，营造出一种轻松愉快的氛围。

在配饰方面，为小丙选择了棕色的堆堆袜和米白色小皮鞋作为搭配，这在色彩上是呼应的，形成了整体色系的统一。方头的鞋型不仅显得时尚大方，更带有一种质拙的美感，与小丙的自然型风格相得益彰，为整个造型增添了一丝随性和亲切感。

图 8-5　小丙休闲场合造型一　　　　　　图 8-6　小丙休闲场合造型二

第三节　多元创意造型设计程序

形象设计中的创意造型设计是一个充满创新和创造力的领域，它涵盖了各种各样的设计风格和形式。这种设计采用新的组合和创新的表达方式，以人体为设计蓝本，打破了传统的设计界限，融合了不同的元素、材料和技术，以展示风格独特的创意性设计作品。

▶▶▶ 一、创意主题造型设计要点

创意主题造型设计是一种艺术的探索和表达，它超越了单纯的外表美化，蕴含着设计师的深刻思考和无限创意。在这个过程中，明确的主题定位与美学法则的巧妙运用，共同构建出了令人眼前一亮的人物形象。

（一）立意定核，明向而行

在创意的海洋中，设计主题是一盏指引方向的明灯。它帮助设计师聚焦思路，确保每一个设计决策都紧密围绕着核心主题展开。一个好的主题不仅能够激发设计师的灵感，更能引起受众人群的共鸣，使设计作品更具吸引力和影响力。

（二）遵法求新，美创同行

美学法则是创意主题造型设计的基石，它提供了一套行之有效的视觉语言，帮助设计师在作品中实现和谐与美感。需要注意的是，遵循法则并不意味着墨守成规。设计师在运

用美学法则时，既要保持对传统的尊重，又要勇于突破创新，探索出符合当下审美需求的新颖表达。

（三）元素舞动，设计生辉

在创意主题造型设计中，各种设计元素如同舞台上的舞者，相互配合，共同演绎。从设计对象的形体条件到妆面技法，从服装款式到配件饰品，每一个元素都承载着设计师的巧思妙想。将这些元素和谐圆满地组合在一起，可创造出既统一又富有层次感的视觉效果。

（四）实践探灵，调研拓思

实践是检验真理的唯一标准，在创意主题造型设计中同样如此。通过实践，设计师能够亲身体验各种设计元素的特性和效果，从而更准确地把握它们的运用方式。同时，调研也是获取灵感的重要途径。通过观察和分析当下人物创意形象设计流行趋势以及受众人群的喜好和需求，设计师迅速洞察市场脉动，为作品注入新的活力和创意。

通过把握以上设计要点，设计师可以清晰地梳理设计思维，确保设计过程的逻辑性和连贯性。

>>> 二、创意主题造型设计步骤

形象设计的形式大致可以分为两种，即从整体到局部和从局部到整体。这两种设计形式各有特点，但都能够帮助设计师创造出独具特色的创意形象造型。

（一）从整体到局部的设计步骤

若采用从整体到局部（即先宏观后微观）的设计形式，则设计师首先要确定整体的设计风格和主题，然后逐步细化各个局部元素。这种设计形式有助于设计师在设计初期就把握住设计的核心和方向，为后续的设计工作奠定坚实的基础。

首先，设计师需要在自我设计思路构建的基础上，查阅相关资料，确定设计方案。其中包含创意造型的灵感来源、设计主题、亮点、风格、服饰等各个环节，这是设计构思的起点，也是后续设计的基础，它决定了设计的整体方向和氛围。通过理性分析，验证造型的可行性后，进行创意设计表达，其主要方式在于通过效果图的形式进行全方位说明。效果图主要包含整体形象设计图、纸妆设计图、发型设计图以及服装效果图四大内容。设计师在创作的过程中可根据自身需求进行取舍，放大并细化亮点部分。

然后，设计师需要依据自身设计方案寻找符合其创意表达方向的设计对象，在深入地了解和洞察后，了解包括其社会角色、背景以及喜好等内容，确定与自身创意设计的一致性后，完善设计思路，填充设计细节。

在确定了整体的布局及设计对象后，可以开始完善各个局部的元素。例如，进行服装与配饰的采购、制作，挑选符合设计意图的实践工具。这些细节的处理对于提升创意形象设计的整体效果至关重要，因为它们能够强化设计亮点并提高作品的吸引力。需要注意的是，设计师要综合考虑各个元素之间的关系和搭配，确保整体设计的和谐与美感。在仅依靠设计图难以说明设计创意的情况下，设计师需要在此环节补充创意设计说明，以文字的形式对整体造型中的灵感、发型、妆面、服饰及设计细节等内容进行详细阐述，从而全面地表达出创作意图。

最后，进入创意主题造型设计的最终实践阶段，该阶段是整个设计环节中最具挑战性和富有趣味性的部分。设计师不仅要将之前的构思和规划付诸实现，还要在这个过程中充分发挥创意，使设计作品独具匠心。同时，面对可能出现的各种设计细节问题，设计师必须做好充分的设计备案，以确保在遇到问题时能够迅速应对，从而达成预想的设计目标。对于有时间限制的设计作品，尽量将细节分解后进行局部尝试，降低失败风险。

这种从整体到局部的设计形式有助于设计师在设计过程中保持清晰的思路，确保设计的整体性和连贯性。同时，它也能够帮助设计师更好地把握设计的宏观方向，使整体形象更加和谐统一。

（二）从局部到整体的设计步骤

若采用从局部到整体（即先微观后宏观）的设计形式，则设计师首先要关注细节的设计和处理，然后将这些局部元素整合到整体形象中，逐渐构建出整体的创意性造型。这种设计形式有助于设计师在细节处理上更加精细和到位，探索和创造出独特的设计语言，且设计针对性强，使整体形象设计更加切合设计目标。最为常见的是依据设计对象个人特色，设计整体创意造型。

在创意主题造型设计的初期阶段，设计师的首要任务是对设计对象进行深入且细致的观察，以完成对其外貌特征的初步调研。这一步骤不仅为后续的设计工作奠定了坚实的基础，更是确保整体造型设计能够贴合设计对象个性与需求的关键环节。设计师需要从多个角度对设计对象的外貌特征进行全面的观察和记录。其中包括但不限于身高与体型、脸型与五官、肤色与发质等方面。在观察过程中，设计师需要在短时间内准确捕捉设计对象的外貌特点。这要求设计师不仅要具备专业的美学素养和设计技能，还要具备敏锐的观察力和判断力。通过不断地实践和学习，设计师可以逐渐提高自己的洞察力，从而更好地理解设计对象的需求和期望。

在完成对设计对象外貌特征的初步调研后，设计师的工作进入了一个更为深入的阶段——通过语言交流进一步了解设计对象的内心世界和深层需求。这一步骤对于创意主题造型设计的成功至关重要，因为它不仅为设计提供了更为丰富的背景信息，还为设计注入了生命力，使其更加贴近设计对象的真实自我。在这一阶段，设计师需要与设计对象进行开放而深入的对话。这不仅是为了获取更多关于设计对象的信息，更是为了建立一种信任和理解的关系。通过交流，设计师可以了解设计对象的年龄特征与成长经历、性格爱好与情感需求、家庭环境与社交圈子、职业压力与发展期望等信息，而后对所获取的形象信息进行细致的整合和分析。这包括将设计对象的外貌特征与内在气质相结合，寻找两者之间的关联和契合点。通过对比不同特征之间的关系和比例，设计师可以更加准确地把握设计对象的独特之处和潜在优势。

通过深入交流和形象信息的整合分析，设计师不仅能够对设计对象有更加全面和深入的了解，还能为后续的设计工作提供有力的支持。这种支持体现在以下三个方面：

(1) 明确设计方向。基于对设计对象的深入了解，设计师可以更加明确地把握设计的方向和目标，避免盲目和偏离主题。

（2）提升设计创意。深入了解设计对象的内心世界和深层需求，有助于激发设计师的创意灵感，打造出更加独特和富有个性的形象造型。

（3）增强设计说服力。当设计师能够清晰地阐述自己的设计理念和依据时，不仅能够增强设计对象对设计的信心，还能提升设计的整体品质和价值。

基于对设计对象的肤色、身形比例、面部特征及气质倾向的深入分析，设计师可以确定适合的设计风格并构思出具体的设计方案。设计风格应与设计对象的个性特点和气质倾向相契合。设计方案应包括服装款式、颜色搭配、妆容和发型设计等多个方面，以确保整体造型的和谐统一。

最后，按照自身需求绘制出创意设计形象效果图，完善设计细节，完成创意形象打造。

除此之外，还存在通过局部细节视觉刺激确定整体设计方案等设计步骤的创意形式，这种设计步骤虽然和上述确定设计对象的方法与路径不同，但同样是从局部到整体的设计思维，需要设计师具备敏锐的洞察力和丰富的想象力，从而做到在细节处理上的精益求精。同时，它也能够帮助设计师更好地把握设计的微观层面，使整体形象更加生动、立体和具有感染力。

综上所述，从整体到局部和从局部到整体是两种常见的创意主题造型设计形式。它们各有特点，但都能帮助设计师创造出独具特色的形象造型。从整体到局部的设计形式更适合创造和谐的、有逻辑性的设计；从局部到整体的设计形式则更适合探索新颖的、具有创新性的设计。在实际的设计过程中，设计师可以根据设计对象的特点和需求，灵活运用这两种设计形式，以创造出更加符合设计要求的形象造型作品。

>>> 三、创意主题造型设计分类

根据设计灵感来源和表现手法的不同，创意主题造型设计可分为以下四类。

（一）装饰形象创意设计

装饰形象创意设计旨在为人物角色形象增添装饰性和艺术感，使其在视觉上更具有美感，能够吸引大众目光。它利用图案、色彩、纹理等视觉元素，对人物的外观进行创意性改造和美化。这种设计可以应用于人物形象设计的各个领域当中，如游戏角色设计、动画角色设计、虚拟形象设计等。通过装饰形象创意设计，人们可以创造出具有独特魅力和个性化的人物角色形象，使其具有审美效果和艺术价值，为故事情节和场景氛围的营造提供有力的支持。

装饰形象创意设计的核心在于审美性和创新性。设计师需要具备丰富的想象力和创造力，以及对各种视觉元素的敏感度。在具体的设计过程中，设计师首先需要明确设计目标与灵感来源，确定设计主题，然后围绕主题进行联想与创意发挥，对目标形象进行深入的分析和理解，了解设计对象的特征及风格。选择适合的装饰元素和设计手法，如在人物面部通过彩绘形式塑造纹理效果来增加目标形象的皮肤质感和立体感，运用多元色彩来营造氛围和情感表达等。设计师还需要注重细节效果与整体的和谐统一，使装饰形象与人物的服装、发型、妆容等相互呼应、相互协调、相互映衬，共同构成一个完美的创意装饰形象。

在人类历史的早期阶段，原始部落居民通过独特的装饰手法来表达自己的审美观念和身份认同。他们以身体为画布，用文身、绘身、彩面等方式创造出丰富多彩的图案，并佩戴各种饰品以增强装饰效果。这些装饰形象不仅是他们美丽的标志，更是他们民族文化和传统的象征。

原始部落居民的装饰形象设计充满了对大自然的敬畏和模仿。他们善于观察和模仿自然界中的动物、植物和自然景观，并将这些元素转化为身体上的纹样。这些纹样不仅具有审美价值，更承载着部落的信仰和传统，成为一种传递文化信息的媒介。

除了图案，原始部落居民还善于运用各种材料进行装饰。他们利用身边的资源，如骨头、石头、羽毛等，制作出各种独特的饰品。这些饰品在满足实用功能的同时，也成为身份和地位的象征。佩戴特定的饰品意味着个体在部落中的地位和角色，同时也体现了对祖先和神灵的尊重。

在现代装饰形象设计中，可以借鉴原始部落居民的装饰手法和审美观念，创造出具有独特魅力和文化内涵的形象设计作品。通过深入研究原始部落的纹样、符号和材料，设计师可以汲取灵感，将这些元素融入现代设计中，以大大丰富现代装饰类艺术形象。例如，在时尚领域中，设计师可以将原始部落的纹样应用于服装、配饰和妆容上，打造出别具一格的风格；在文化创意产业中，艺术家和设计师也可以将原始部落的装饰元素与现代技术相结合，创作出具有深刻文化内涵的艺术作品。

总之，原始部落居民的装饰形象设计是一种独特且富有文化内涵的艺术形式。通过重新审视和借鉴他们的装饰手法和审美观念，可以为现代装饰形象设计注入新的生命力和文化内涵。

（二）民族形象创意设计

民族形象创意设计是一种将传统民族文化元素与现代设计手法相结合，具有鲜明民族特色的形象设计方法。这种设计注重表达和展示特定民族文化的独特魅力，同时结合现代审美观念和设计理念，实现传统与现代的完美融合。

民族形象创意设计的核心在于对民族文化的尊重和传承。设计师需要深入了解和研究民族文化的历史、传统、风俗等，从中汲取灵感，提炼出具有代表性的元素和符号。这些元素和符号可以是色彩、图案、服饰、建筑、器物等方面的内容，它们共同构成了民族文化的独特魅力。

民族形象创意设计是在深入了解民族文化的特点和内涵并把握其精神实质的基础上，深度结合现代审美观念和设计手法进行的创新演绎。这种设计要求设计师具备文化交融的设计能力，能够将民族文化的元素与现代设计手法有机地结合起来，创造出既具有民族特色又符合现代审美的形象。

以中国的苗族形象创意设计为例，苗族服饰样式繁多，据不完全统计，其样式多达200多种，年代跨度大。银饰、苗绣、蜡染是苗族形象中的主要特色。因此，设计师可以从服饰纹样、苗绣原理、银饰应用与打造等任一角度进行设计切入，结合现代喷绘、彩绘等设计手法进行创新演绎，打造出既具有中国传统文化底蕴又符合现代时尚潮流的人物创意造型。

总之，民族形象创意设计是一种充满文化底蕴和艺术性的设计方法。通过深入挖掘民族文化的内涵和特色，结合现代设计手法进行创新演绎，设计师可以创造出具有鲜明民族特色的形象。这种设计方法不仅有助于传承和弘扬民族文化，还可以提升产品的文化价值和市场竞争力。在全球化不断发展的今天，民族形象创意设计尤为重要，它不仅是一种设计的表现形式，更是一种文化的传承和创新。

（三）朝代形象创意设计

朝代形象创意设计的核心在于对历史文化的深入挖掘和准确把握。每个朝代都有自己独特的文化传统和历史背景，这些文化元素是朝代形象创意设计的宝贵资源。设计师需要通过对历史文献、艺术作品、文物等方面的深入研究，了解朝代的内涵和特点，从中提炼出具有代表性的元素、符号或人物原型，进行创新性的融合与设计。例如，可以从图案、服饰、建筑、器物等方面提取具体应用的元素和符号，也可以通过具体的文献描述推测出人物性格、身份等特征，从而进行创意实践。

在朝代形象创意设计中，设计师需具备跨学科的知识储备和综合运用能力，需要将朝代的具体元素与现代人物形象、设计手法和审美特征有机地结合起来，以创造出既具有朝代特色又符合现代需求的形象设计。这种设计方法还需要设计师具备创新思维和想象力，能够将历史文化元素与现代设计理念相融合，实现历史与现代的完美结合。

以唐代形象创意设计为例，唐朝时期文化艺术取得了巨大的成就。唐代女性眉形变化作为唐代历史的重要组成部分，见证了当时社会风尚和审美观念的变迁。

唐太宗时期，社会安定，文化繁荣，女性的妆容也继承了汉魏时期的旧制，并在此基础上发展创新。这一时期，细眉成为女性妆容的主流。这种眉形如新月般纤细，弯曲有度，给人一种明亮而柔和的感觉。随着历史的推进，到了武则天时期，女性的眉形发生了显著的变化，宽眉开始流行，并逐渐发展为主流眉形。宽眉的特点在于眉毛宽广而浓密，给人一种威严而庄重的感觉。这种眉形的流行，既符合武则天时期女性对于独立、自信形象的追求，也体现了当时社会对于女性地位的提升与认可。进入中晚唐时期，女性的妆容变得更加多样化和个性化。随着文化的交流与融合，外来文化也对女性的眉形产生了影响，使得眉形的变化更加丰富多彩。

因此，设计师在进行朝代形象创意设计时需要综合考虑其历史背景，完成人物性格特点的分析，细化所处时期的文化特征，从而进行局部创意构思，努力做到有的放矢。

总之，朝代形象创意设计是一种连接过去与未来的桥梁，它通过将传统朝代元素与现代设计手法相结合，创造出具有鲜明朝代特色的形象。这种设计方法不仅是对历史文化的传承和弘扬，更为现代社会注入了深厚的历史文化底蕴。通过朝代形象创意设计，可以令更多人了解和欣赏到不同朝代的妆造形象，从而促进历史文化的多样性和创意性发展。

（四）仿生形象创意设计

仿生形象创意设计是一种借鉴自然生物形态、色彩、纹理等特征并将其融入人物形象设计的创意设计方法。它通过模拟生物的各类元素，结合现代设计手法与信息化技术，创造出具有独特视觉效果和艺术魅力的形象。这种设计方法不仅是对自然之美的再现，更是对自然与艺术交融之美的探索和追求。

仿生形象创意设计的核心在于对自然之美的敏锐捕捉和精湛再现。设计师通过对生物形态的深入研究，提炼出其独特的视觉元素，并运用现代设计手法进行创新演绎。这种设计方法在人物形象设计中具有广泛的应用价值，可以为角色设计、时尚造型等领域注入新的创意与活力。

在进行仿生形象创意设计时，设计师需要仔细观察生物的形态特征，从中获取灵感，并运用巧妙的设计手法将其融入人物形象设计中。这些手法包括但不限于形态模仿、色彩借鉴、纹理创新等，这些手法的综合运用可以使仿生形象创意设计呈现出独特的视觉效果。

以蝴蝶为例，其翅膀上的绚丽色彩和独特纹理为形象创意设计提供了丰富的灵感。设计师可以将蝴蝶翅膀的色彩和纹理应用于面部眼影彩绘中，以营造出既优雅又富有创意的形象。在时尚领域，这样的仿生形象创意设计能够为服装、鞋帽、珠宝等产品带来独特的视觉效果，提升产品的艺术价值和市场竞争力。

此外，仿生形象创意设计还具有丰富的文化内涵和寓意。不同的生物形态所代表的意义也各不相同，如狮子象征力量，狐狸象征智慧，孔雀象征美丽等。将这些生物形态应用于人物形象设计中，不仅可以提升形象的视觉效果，还可以传递特定的文化寓意和价值观。例如，在神话故事或历史题材的人物形象设计中，设计师可以通过仿生形象创意设计来表现角色的性格特点和身份象征，使角色形象更加鲜明、生动。

总之，仿生形象创意设计是一种充满创意和艺术性的设计方法。通过深入挖掘自然之美和借鉴生物形态的独特特征，设计师可以创造出既有自然之美又不失艺术个性的仿生形象。这种设计方法不仅有助于丰富视觉体验，更有助于传承和弘扬自然与艺术的和谐之美。

第四节　多元创意造型设计案例

创意造型设计融古通今、跨越界限，展现独特美学风貌，以期在传承中创新，于创新中发扬现代审美风采。本节通过古装汉服形象打造和创意主题形象打造两大设计案例来说明创意造型设计思路。古装汉服形象将传统与现代交融，尽显文化底蕴与时尚风貌。创意主题形象则是梦想与现实的碰撞，从梦幻童话到科幻未来，每一主题都饱含无限遐想。本节案例通过匠心独运的造型设计，促使大家思考传统与创新的和谐共生。愿每位探索者，在欣赏美的旅程中，勇于表达自我，开启一场充满创意与激情的设计之旅，迈向多元创意造型的无限可能。

>>> 一、古装汉服形象打造

（一）古装汉服形象打造要求

在现今社会中，古装造型已经越来越贴近大众的日常生活。常见的汉服场景主要涵盖影视写真拍摄、古装主题集会、文艺表演、传统节日庆典等方面。相较于古代实际造型，人们的穿着和发型更倾向于时尚、实用和个性化。

(1) 着装技巧：可根据古装场景的主题和要求，选择适合的古装款式。例如，依据历史时期、文化背景以及角色特点来选择服装。注重服装的质地和细节，以展现个人特色。同时，可依据古装的风格和主题，选择适合的颜色搭配。一般来说，传统的色彩（如红色、金色、紫色等）常用于古装设计，能够体现出庄重和华丽的感觉。

(2) 配饰搭配：配饰在古装穿搭中起到画龙点睛的作用，应注意与服装的协调性及整体造型的和谐性。同时，配饰的选择和搭配也应与人物的社会地位、性格特点和时代风格相符合。古装造型中，配饰种类相对较多，头饰包含发簪、发带、步摇，衣饰包括玉带、荷包、香囊、禁步等，它们与服装和发型相搭配，可增加整体形象的层次感和华丽感。

(3) 发型和妆容：古装场合的发型和妆容要与特定朝代背景相匹配，以营造整体和谐的效果。发型一般选择盘发、发髻等，可依据角色和场景要求进行现代化创意设计。妆容上需注重保持古典美感，尽量避免现代的闪光感，强调眉、眼、唇部的古代妆容特色，从而打造出符合现代审美特征的朝代形象。

(4) 礼仪与举止：结合古代场景进行整体表现，了解并遵守特定场合下的礼仪规范，注意保持姿态的端庄，从而展现出大方、得体的传统人物形象。

（二）案例示范

1. 情景预设

小丁，一名充满热情与才华的旅游博主，她对古代文化怀有浓厚的兴趣，一直以来都致力于通过网络平台将中华传统文化的独特魅力传播给更多的人。她深深地被各个朝代的古装造型所吸引，尤其是唐代，那个被誉为"盛世"的辉煌时代。唐代的华丽服饰、多变的造型风格，以及那个时代的繁荣与开放，都让她为之倾倒。

小丁渴望能够通过专业的形象打造，为自己塑造一个令人惊艳的唐代造型。她希望通过自己的亲身演绎，将那个时代的辉煌与美丽展现给更多的人，让人们能够更加直观地感受到唐代文化的魅力。

2. 模特分析

(1) 色彩分析：小丁的肤色偏冷，经过诊断，属于四季色彩中的夏季型。这种肤色特点使得她在用色时，更适合偏向冷色系的色彩。为了突出唐代造型的华丽与风韵，可选择玫瑰紫、冷正红等颜色进行表达。这些颜色不仅符合古代的审美标准，更能展现出唐代女性服饰的开放与包容。

(2) 风格分析：综合小丁的个人特点和诊断结果，明确她的风格类型为优雅型。优雅型风格的造型打造整体围绕"精致"二字，因此，在服装的选择上需注重服饰的质感与剪裁，强调服装的线条流畅，以及配饰的协调，整体造型和谐、统一。在妆容和发型上也要保持简约而优雅的风格，以凸显她的气质与魅力。

(3) 体型分析：小丁的身材适中、匀称。为了更好地展现她的身材优势，推荐采用宽袖长袍、束腰裙褂等款式。这类服装不仅能够突出她的身材曲线，还能增添一丝唐代女性的优雅与端庄。

(4) 脸型分析：小丁的脸型偏方圆形，这种脸型特点使得她在选择发型和妆容时需要适当修饰，可选择高髻或垂髻等唐代典型的发型，这些发型能够拉长脸型，使面部线条更加柔和。同时，在妆容上也可以运用一些技巧，如通过眉形和眼妆的调整来平衡脸部五官比例。

通过以上的分析，总结出小丁适合较为温婉的冷色系唐代服装，可采用宽袖长袍和束腰裙褂的款式设计，既符合唐代的服饰风格，又能展现出她优雅而端庄的气质。在配饰方面可以选择银质或玉质的发簪、耳环、手镯等，提升整体造型的质感与层次感。在妆容上注重拉长眼部与眉毛的五官占比，以平衡其面部的量感；唇妆则选择与服装相协调的冷色系口红，为整体造型增添一份娇艳与妩媚。发型上则采用高髻或垂髻等唐代典型发型，既能修饰脸型，又可展现出唐代女性的风采与韵味。

3. 案例解析

小丁汉服造型如图 8-7、图 8-8 所示。在本次造型中，小丁以一身唐代风格的服饰亮相，展现出了她优雅的气质。

在服装方面，小丁选择了一套淡雅的唐代抹胸大袖服饰，以浅蓝色为主色调，配合着淡粉色和绿色的刺绣纹样，在色彩搭配上显得清新且典雅，符合其夏季型人物的着装色彩要求。抹胸与大袖的搭配，使服装整体在符合唐代服饰要求的同时给人一种飘逸的美感。

在妆容与发型方面，小丁的妆色多采用冷粉色，同色系眼影、腮红与唇膏色彩的呼应，突出了她清丽的气质。眉形部分采用了远山眉的绘制方法，整体形态圆顺、精细，配合上微扬的眼线，增加了其面部的曲线感。在发型方面，为小丁打造了一款简约且优雅的圆髻造型。设计师巧妙运用假发包，在前发区打造出自然的蓬松感，不仅为整体造型增添了一抹灵动，更从视觉上有效减小了面部的量感，使小丁的五官更显精致立体。

在朝代造型中，配饰的选择往往是整体造型中的点睛之笔，凸显出整体的风格与韵味。小丁的配饰选择无疑为她的唐代造型增添了不少亮点，展现出了浓厚的古典气息。她佩戴了一顶装饰有花朵图案的蓝色帏帽，这顶帏帽不仅与她的浅蓝色服装颜色相呼应，形成了整体的和谐统一，更通过流苏与珍珠的点缀，塑造出了晶莹的动感。流苏随风轻摆，珍珠熠熠生辉，为小丁的整体造型增添了一抹灵动与雅致。额饰部位串联金、银两种材质，低垂的流苏与帏帽相协调，形成了一种优雅而和谐的视觉效果。此外，红色的串珠也是配饰中的一大亮点。红色作为大唐盛世的代表色，凸显了那个时代女子的热情与活力。串珠的设计既简约又精致，是整体色彩中的点睛之笔，让小丁在展现淡雅气质的同时，也散发出了现代女性的魅力与风采。

图 8-7　小丁汉服造型展示一　　　　图 8-8　小丁汉服造型展示二

>>> 二、创意主题形象打造

（一）创意主题形象打造要求

创意主题形象的打造可以依据设计目的与风格定位来确定其创意主题类型，以契合不同受众群体或特定场景的需求。在细节设计上，要注重服装、配饰、妆容与发型以及场景与道具的巧妙搭配。例如，在打造"名画再现"系列主题形象时，不仅要精心挑选与艺术作品契合的服装和配饰，还要注重场景的营造，搭建与名画相同的年代背景，以还原画作中的历史氛围和艺术风格，这样的细节能够增强主题形象的视觉冲击力。

在这个注重可持续发展和绿色生活的时代，以环保为主题的人物形象设计应运而生。该设计旨在将环保理念与时尚元素巧妙结合，通过独特的服装和形象设计，展现出个性鲜明、具有视觉冲击力的人物形象。环保主题人物形象可以根据设计的目的、风格以及所传达的环保理念来进行设计，多应用塑料袋、CD 光盘、矿泉水瓶等废弃物品进行二次加工与制作，深度践行资源的再利用和减少浪费，倡导循环经济和可持续发展。

1. 情景预设

小戊，一名人物形象设计专业的在读学生，正面临着一项特殊的挑战，即她需要为一次环保主题的时尚展览设计一个人物创意形象。这个任务要求她不仅要展现出自己的时尚审美和设计能力，还要巧妙地将环保理念融入形象设计中。

2. 模特分析

(1) 色彩分析：小戊的肤色偏暖，属于四季色彩中的秋季型，这种肤色特点使得她在选择服装和配饰时，应更加偏向于浓郁感强的暖色系色彩。金色、橙色、棕色等暖色调不仅能够凸显其肤色的温暖和光泽，还能与她内在的高贵气质相协调，营造出一种秋季特有的温暖氛围。

(2) 风格分析：综合小戊的个人特点和诊断结果，明确她的风格类型为浪漫型，在穿搭上应注重展现女性的柔美和浪漫气息。在服饰面料上可以选择一些轻盈、柔软、富有女性特质的衣物和配饰。例如，蕾丝元素的加入能够为她的穿搭增添一份精致和浪漫，雪纺材质的运用则能够使服装更加轻盈飘逸。

(3) 体型分析：小戊的身材微胖，属于肉感较强的曲线型身材，这使得她在穿搭上需要更加注重平衡和修饰。在造型设计中，可以依据身形特点选择一些宽松但有层次感的服装款式。例如，宽松上衣搭配 A 字裙的设计能够在凸显其上半身线条的同时，巧妙地修饰她的下半身曲线，让她看起来更加高挑和纤细，展现出自己独特的曲线美，从而在穿搭上更加自信和从容。

(4) 脸型分析：小戊的脸型属于明媚大气的方圆脸，这种脸型给人一种亲切且不失个性的感觉。为了凸显她的气质和魅力，可以选择侧分发型修饰面部轮廓线条，让脸部看起来更加立体和精致，同时佩戴简约的耳环，为造型增添一份优雅感。

综上所述，小戊作为一位兼具浪漫风格的秋季型女生，在穿搭上应注重展现温暖与浪漫气息。在发型与妆容上，可以以修饰方圆脸特点为主，增强面部明艳度，以减少骨骼的视觉强度。在服装款式方面，可以适当突出个人身材曲线，塑造浓郁的浪漫氛围。

3. 案例解析

小戊的创意造型如图 8-9、图 8-10 所示。本次造型以报纸为创意媒介，巧妙地将废弃的报纸转化为时尚的服装和配饰，展现了一种新颖而独特的环保时尚理念。在服装的廓形方面，结合模特个人身形特色，利用将报纸深度糅合的表现形式，塑造出上紧下宽的古典蓬裙形态。在妆容方面，为突出小戊五官的明艳感，采用野生味十足的眉毛，配合大地色眼影、全包眼线，加之深红色唇妆，打造出了一个极具特色的港风造型。微曲的大檐帽与大裙摆交相呼应，有效中和上下部位量感，与整体造型完美融合，彰显出独特的个人风格和品位，更表达了她对环保生活方式的坚定信念。

在这个创意主题形象设计中，我们看到了时尚与环保的完美结合，看到了创意与可持续发展的无限可能。她不仅代表着一种全新的时尚潮流，更代表着一种对地球和环境的责

任与担当。让我们跟随她的脚步，一起走进绿色、环保、时尚的崭新世界吧。

图 8-9　小戌创意造型展示一

图 8-10　小戌创意造型展示二

思 考 题

1. 在职业场合形象打造中，如何通过服饰搭配展现个人职业素养？

2. 形象设计专业的学生该如何传承和弘扬优秀中华传统文化？

3. 形象设计师除专业能力外，还需要掌握哪些知识？

4. 结合模特特点，分别完成不同类型的两款人物整体造型设计，并采用 PPT 形式完成设计报告。

参 考 文 献

[1] 人力资源和社会保障部教材办公室. 形象设计师：国家职业资格三级 [M]. 北京：中国劳动社会保障出版社，2016.

[2] 宁芳国. 服装色彩搭配 [M]. 北京：中国纺织出版社，2018.

[3] 临风君. 形象管理与时尚穿搭 [M]. 北京：人民邮电出版社，2022.

[4] 君君. 创意化妆造型设计 [M]. 北京：中国轻工业出版社，2010.

[5] 周生力，马莉. 整体形象设计 [M]. 2 版. 北京：化学工业出版社，2018.

[6] 赵炜璐. 形象设计与服装色彩搭配艺术 [M]. 长春：吉林美术出版社，2018.

[7] 肖宇强，范丽. 形象设计与创意 [M]. 南京：东南大学出版社，2018.

[8] 西蔓色研中心. 中国人形象规律教程：女性个人服饰风格分册 [M]. 2 版. 北京：中国纺织出版社，2014.

[9] 曹荟媛. 今天你穿对了吗：优雅女性场合着装指南 [M]. 北京：中国纺织出版社，2022.

[10] 杨源. 锦绣华装：中华传统服饰之大美 [M]. 北京：研究出版社，2020.

[11] 李小凤. 服饰赏析与搭配 [M]. 北京：中国纺织出版社，2014.

[12] 张其旺. 服饰搭配 [M]. 北京：中国纺织出版社，2018.

[13] 赵依霖. 衣品修炼手册：穿出理想的自己 [M]. 北京：中信出版集团，2022.

[14] 华梅. 中国服装史 [M]. 北京：中国纺织出版社，2018.

[15] 黎贝卡. 爱美也是生产力 [M]. 北京：北京十月文艺出版社，2022.

[16] 沈从文. 中国古代服饰研究 [M]. 北京：商务印书馆，2011.

[17] 叶朗. 美学原理 [M]. 北京：北京大学出版社，2009.

[18] 吴卫刚. 服装美学 [M]. 5 版. 北京：中国纺织出版社，2018.

[19] 宋柳叶，王伊千，魏丽叶. 服饰美学与搭配艺术 [M]. 北京：化学工业出版社，2019.

[20] 顾凡颖. 历史的衣橱：中国古代服饰撷英 [M]. 北京：北京日报出版社，2018.

服饰形象设计